貓頭鷹書房 217

蝴蝶熱

一段追尋美與蛻變的科學自然史

An Obsession With Butterflies

Our long love affair with a singular insect

蘿賽◎著

張琰◎譯

貓頭鷹

昆蟲的美麗和燦爛是無法描述的，只有博物學家可以了解我體驗到的強烈激動……當我把牠從網中取出，展開那華麗的翅膀時，我的心臟狂跳，血液直衝腦門，我比即將面對死亡更感覺像是要昏過去一樣。而後一整天我都頭痛不止。

——華萊士，《馬來群島自然考察記》

國內外好評

多達兩萬種的蝴蝶，不但美麗、可愛，經過牠獨特的存活方式才飛舞滿天，看完這本書你就知道，因為這是帶你到蝴蝶世界的最佳導遊書之一。

——前台灣大學昆蟲學系名譽教授／朱耀沂

如同蝴蝶吸食花蜜般的充實與甘甜……

——台灣大學昆蟲學系名譽教授／李後晶

一部化繁為簡的知識性自然讀物。類似散文小說，讀起來絲絲入扣，想要一口氣看完……

——前台灣蝴蝶保育協會理事長／陳光亮

具可讀性、知識性，時而更富詩意。

——《波士頓地球報》

知識和自然史在這本書中合而為一，成為一本優質讀物。

——《達拉斯晨間新聞》

作家蘿賽的技巧就是煉金術士的黃金，將這本原已十分吸引人的知識摘要提升到藝術的境界。

——《布倫伯瑞評論》

全書通篇都是流暢輕盈的散文，加上一波波大量湧現的驚人常識，這本書本身就是一件獨一無二的藝術品。

——《聖地牙哥聯合論壇報》

蘿賽融合機巧、知識和詩的語言在這本動人的科學沉思錄中……是一部認真研究、文字優美的蝴蝶自然史。

——《出版家週刊》

具有感召力……閱讀全書就像進入迷人的蝴蝶世界，來一趟短暫卻令人神往的旅遊。

——《華爾街日報》

這本迷人的小書精采結合了踏實的科學與抒情的散文詩。書中充滿完美的小小常識和啟發。如果你不常想到蝴蝶，本書會豐富你對周遭世界的認知；如果你已經愛蝶成痴，本書更會加重你的病情。

——《巴爾的摩太陽報》

蘿賽蒐集到的精采知識及雜聞，為她的敘述增色……是一趟迷人的閱讀經驗。

——《經濟學人》

這是一首輕巧的蝴蝶頌歌……將科學、歷史和生物界奇觀迷人地混合為一……令人著迷。

——《波士頓先鋒報》

蘿賽敘述清晰且吸引人……讀來十分愉快：是一部鱗翅類小百科，激使讀者想進一步了解蝴蝶。

——《柯克斯評論》

我讀過文筆最優美的自然書之一……蝴蝶終於有一本配得上其美麗優雅的作品了。

——《坐擁好書》

蝴蝶的優雅，一種魅力十足的昆蟲，牠的魅力啟發了蘿賽這本迷人著作。

——《奧瑞岡波特蘭報》

蘿賽的文筆精采絕倫。

——《水牛城新聞》

■推薦序

七十年的蝴蝶情

成功高中昆蟲博物館榮譽館長／陳維壽

二〇〇七年春

一九三五年我第一次上學的時候，在校園小灌木上發現了鮮綠色狀如花蕾的東西。奇怪的是，用手指碰觸時，它會擺動身子，當時我以為是會動的花蕾，因此期望它能夠開出一朵會動的花。隔了幾天的清晨，它裂開了，並爬出一隻很醜的小蟲子。失望之餘，想要把牠打下來時，那又皺又難看的翅膀像一把扇子打開來了，於是美麗的色彩、精緻的花紋依序出現，就變成一隻很美的蝴蝶。當我感動地伸手想摸牠時，牠就展開翅膀飛向天空了。

看到了蝶蛹羽化成蝶的美妙情景後，我對蝴蝶發生了很濃厚的興趣。有幸的是，在中小學遇到熱心的老師，自動而積極地輔導我踏入蝴蝶的世界，從此七十多年來，蝴蝶時時刻刻帶給我快樂和驚喜。

我閱讀過的蝴蝶書籍不下三千本，卻是第一次碰到如此夠奇妙的蝴蝶書！這一本書以成千上百種觀察、實驗研究過程與成果為基礎，巧妙地匯集，形成脈動，最後整合成一條有關蝴蝶的知識大道。我們不但可以從中了解有關蝴蝶的基本知識，還可以透過本書感覺到人類愛憐蝴蝶的情感，從蝴蝶每一個看似不經意的行為中，讀到人與蝴蝶間的微妙感情。

本書的主軸當然是有關蝴蝶的資料：從形態、生態、生活史、生理以及環境的縱橫事項。然而它不像市面上到處可見的各種蝴蝶書籍，不是以制式方式解析、敘述蝴蝶的生命，而是由人蝶的關係切入，並且引用生物化學、生物物理學，甚至哲學深入剖解。本書也是近三百多年來，從人類有意識地和蝴蝶開始接觸後的一部人蝶互動關係與發展歷史。書中還介紹了收藏三千萬件昆蟲標本和無數相關資料的倫敦自然博物館的發展過程，它像羅馬城的豐富輝煌，並不是一天造成，而且它不只是由眾多權威學者的結晶築成，書中列舉數百年來另有無數業餘蝴蝶專家、名不經傳的民間蝴蝶收藏家、愛好家以及分散到世界各處蠻荒原始森林的原住民採蝶工人，個別努力一點一滴的貢獻，共同築成這座偉大金字塔，作者也帶領讀者深入博物館標本寶藏內一窺究竟。

本書也述及人們對蝴蝶發生奇妙情感的動機與發展，它列舉了眾多大小人物被蝴蝶的美姿吸引，進而對蝴蝶產生興趣、收藏或研究，因而孕育了眾多優秀的學者與業餘研究家、收藏家，他們有創意的研究方法、細膩的觀察，終於練出輝煌的成果。例如書中一定能使台灣蝴蝶界大開眼界的實例，即分布全世界各處最普遍的姬紅蛺蝶大群跨越州際大遷移，蝴蝶態變生涯中態期轉換過程中的細胞、組織之分解重組器官系統的細緻變化等等，不勝枚舉。

對台灣的蝴蝶界而言，最值得參考與深思的是，本書對蝴蝶資源之保育開發問題，以獨特而先進的角度切入，其中最令人意外的是，作者並不反對以賺錢為目的的蝴蝶產業，但徹底反對類似曾在台灣出現過毫無禁忌大規模採捉蝴蝶及相關的加工業。人類不僅能使蝴蝶資源之保護與開發導入平衡，甚至能使兩者互成互補，而這樣的理念已經在世界蝴蝶最著名的產地哥斯大黎加及新幾內亞實現了。在這兩個產地，蝴蝶的生產養活了無數赤貧的原住民，同時保障了蝴蝶原始資源，學者可獲得研究材料，收藏家能滿足收集慾，學生可得實驗觀察材料，一般民眾可以在自己家鄉欣賞蝴蝶飛舞美姿……

如果你閱讀本書後，除了知識，尚無法深深感覺到人蝶的芬芳情感，我建議你最好也常常投入大自然懷抱，放空自己，深入觀察蝴蝶行為細節，再翻閱世界蝴蝶圖鑑，重新品嘗本書。當你能夠接觸到本書真髓，你會覺得突然眼界大開，而能夠享受賞蝶的最高境界。

蝴蝶熱：一段追尋美與蛻變的科學自然史

目次

第一章 愛上蝴蝶

物理學的「弦論」認為「維」（次元）有四個以上，甚至有十個之多。這些額外的次元蜷縮成極小的空間，大小只容得下次原子粒子，或是「弦」振盪的極小曲線。這個理論並未排除或許存在於時間領域中更多的次元。這些次元若有似無，存在於我們知覺範圍之外。

生命中有了蝴蝶，就像是多了一個次元。空氣因為翅膀的拍動而振動著，一字蝶飛近了、黃粉蝶在空中飛舞、還有姬紅蛺蝶、黑眼蝶……這些從前就存在著，一直都存在，只是你從來都沒有感覺到。你視而不見。在不同的時空，在冬季，或是在一條繁忙的街道上，空氣是靜止的，簡直不可能有蝴蝶。但是牠們存在依然，就像其他十個次元之一，而你已將這個次元納入你的生命中。

蝴蝶出現在我生命中，是在一個夏日午後，新墨西哥州的河邊，有一隻西部北美大黃鳳蝶飛降下來，到我臉旁。牠的橫寬大約有三吋，不過似乎還要大一些，檸檬黃的翅膀上有驚人的黑色條紋，還有一道道黑色的凹溝。翅膀倏地闔起，形成一條分岔的長尾巴，上頭還有紅色和藍色的斑點。蝴蝶聞不到它有興趣的東西，於是揚長而去，留下開心而激動的我，彷彿有人送來一份我受之有愧的禮物。這會不會一直都是件單純的事實：美麗是沒有來由，也不計後果的？

這隻西部北美大黃鳳蝶正在尋找伴侶，避開鳥類，還要搜尋花蜜或是腐肉汁液。和多數蝴蝶一樣，牠用腳去嚐、用觸角去聞。牠的性器上有眼睛，就是簡單的感光細胞。牠剛出生一天，或許還能再活上一個月。

之後，我喜歡上小蝴蝶，那些出現在我視線四周、指甲大小的綠小灰蝶，或是停在雜草上，或是停在園籬上，像郵筒一樣稀鬆平常。但是，等牠們停住且露出腹面翅膀吧！你會看到芒果橙色的扇型花樣，藍色及紅褐色的圖案，一彎、一撇，就像是一種密碼的語言。

《侏儸紀公園》系列電影第二集裡，演員傑夫高布倫再次困

西部北美大黃鳳蝶

在一座恐龍島上，當其他人讚嘆一群三犄龍時，傑夫高布倫冷冷地說道，「『哇！啊！』都是這樣開頭的，但接著就都是尖叫和奔逃了。」

「哇！啊！」都是這樣開頭的。之後就是圖鑑、更多的圖鑑，在草地上野餐，以及尖叫和奔跑。我們當中有些人迷戀起蝴蝶了，不過我絕不會把自己歸到這一類的人當中。我是有興趣，沒錯，但是我可沒迷戀成癡。

不像那些人。

格蘭維爾女士有些房地，也小有財富，三十一歲，孀居七年，有兩個孩子。一六八五年再婚，對象是小她十歲的男人。這次，她遇人不淑。

當她的第二任丈夫舉起手槍，指著她胸口，大喊要把她打死時，她會不會想到大陸小紫蛺蝶飛舞穿過一片橡樹林裡的陰暗處？當同一個男人在她又生了兩個孩子之後離開，她有沒有在飼養毛蟲時、大紋白蝶吃著水田芥和包心菜及蕪菁，以及豹斑蝶變成蛹或繭的這些事情中，找到寧靜？

一七〇三年，倫敦一位著名的昆蟲學家寫道：格蘭維爾夫人已經「來到本市，帶來最高貴的蝴蝶收藏，全都是英國的蝴蝶，令我們感到慚愧。她的方法是出六便士買四、五十隻平常的毛蟲，然後把牠們養大；如果是比較好的毛蟲，為了鼓勵起見，一隻就給六便士。這也是雇用窮人的一個方法。」

這位夫人已經將一箱箱的蝴蝶標本送交給當時頂尖的博物學者派提佛，他的回信充滿了感激與敬佩。這些收集的標本中，還包括第一隻有紀錄的格蘭維爾豹斑蝶。這是一種圖案美麗的橙色蝴蝶，「在近海岸陡直及斷裂的坡面繁殖，該地至今尚未受到鐮刀和耕犁的入侵。」

這時，夫人那壞心的第二任丈夫理查已經有一個新情婦，還又生了個兒子。他處心積慮要取消他和格蘭維爾生的長子的繼承權。這個十七歲大的男孩在擔任派提佛的學徒時，被父親綁架、拘禁、凌虐，要他斷絕母子關係，並且放棄繼承權。理查也挑撥離間格蘭維爾與她其他子女的感情，因此她死後大半財產都留給一個遠房表親。格蘭維爾的另一個兒子對遺囑提出異議，宣稱母親的遺囑是在誤信子女都變成仙子的情況下立的。

早在中世紀，人們就相信蝴蝶是想要偷取奶製品的仙子扮成（編按：蝴蝶 butterfly 的古英文為 butterfloeges，意指奶油與飛行物）。隨著時間過去，仙子和蝴蝶的關聯更是密切，因為二者都是有翅膀的小東西，愛嬉戲，看起來十分快活。

格蘭維爾夫人或許也只是希望能夠保持樂觀吧！

遺囑爭逐之際，有一百名證人前來作證。她的昔日鄰居很快就想起她的奇怪舉止：她穿得像是吉普賽人，在黎明時分一絲不掛地出現，還會帶著床單到戶外樹籬和樹叢下，用長棍拍打這些樹籬，抓一袋子的毛蟲。

格蘭維爾夫人的朋友如派提佛和其他科學家等人，則到場為她辯護，不過判決仍然以「神智不清」的理由推翻了她的遺囑。誠如一位昆蟲學者事後承認：「只有腦筋不正常的人，才會去追逐蝴蝶。」

這種觀感會改變的。在十八世紀中期，英國的捕蝶人開始自稱是「奧瑞連安」（Aurelian），這個字源出於拉丁文的 *aureolius*，指的是某種蝴蝶的金色蝶蛹。這些男女在世人眼裡或許仍然古怪，因為他們會帶著過大的捕蝶網和一包包裝備。只不過他們受到的都是嘲笑，而不是鄙夷；甚至，還有幾分疼惜呢。

歷史學者艾倫認為：「十八世紀是一個變遷的時期。初期只見人們玩弄大自然，對待它就像對待新買來的玩具，而當他們習慣了新奇，也學會泰然以對後，我們看到他們變大膽了。最後，當這個世紀結束時，我們發現他們已經無可救藥地愛上了它。」

到了維多利亞時代，在一八〇〇年代中期，大自然已經變成家具的一部分，從那擺滿礦石、化石、乾燥植物和貝殼的珍品櫥櫃就可以看出。人的衝動，將科學混入了採集者的貪念。

而如此耀眼、如此圖案明確的蝴蝶，更是格外值得收集。於是，似乎每個好男人，有時候還加上男人的好妻子，他那些不聽話的兒女也一起為這種昆蟲著迷。演講、社交俱樂部和田野考察歡迎各階層人士的參與，而各階層人士也紛紛前來，學習單眼褐蛇目蝶的生活習性、捕捉黃邊蛺蝶，或是陶醉在香甜黑莓樹叢上方飛舞的眾多淺銀色豹斑蝶中。

和仙子一樣，我們也只能想像這種數量繁多的景象。當時的草地、草原、樹籬、樹林綿延好幾哩；沒有汽車、沒有化學物品，人口比現在少好幾千萬，卻有比現在多好幾十萬的紅小灰蝶、琉璃小灰蝶、粉蝶和黃粉蝶，在空中像五彩碎紙般打轉。當時「博威郡自然學者田野俱樂部」或者「哈格史東昆蟲學會」的會員，根本猜不到這場蝴蝶歡宴是在慶祝什麼，或者，這場歡宴要怎麼結束。

一八七六年，出身富裕金融家庭的八歲男孩羅斯柴德（一八六八～一九三七），建立起自己的自然史博物館，並且雇用一個技巧純熟的標本剝製師當他的第一位助理。六十三年後，當羅斯柴德爵士去世時，已經是世界上公認最偉大的蝴蝶迷了。他也是個怪人，把斑馬鞍上了轡去拉他的馬車，而他就坐著這輛馬車走過皮卡迪利廣場到白金漢宮。他也是政治家，協助草擬讓猶太人在巴勒斯坦建立家園的一九一七年協定；他更是收集家，將他二百二十五萬隻蝴蝶和蛾類的標本遺贈位於倫敦的大英博物館，而使這裡的鱗翅類收藏比任何地方、任何時候都要多。

這二百二十五萬隻蝴蝶並不是羅斯柴德自己收集的。他雇用專人到遙遠的地方採集，先是男人，爾後還有女性。這些人當中，有一位是澳洲的採集者密克，他主要去的地方是巴布亞新幾內亞和所羅門群島。密克送回成千上萬隻新物種，包括世上最大的蝴蝶——亞歷山大鳳蝶。這種蝴蝶的雌蝶幾乎有一呎長，雄蝶散發著如虹彩變幻的綠色和發亮的藍色，腹部是艷黃色。

新幾內亞的生物多樣性特色，分布在它的低地森林到白雪覆蓋的山峰這一生命帶中。在一次寒冷的山區之行，密克的挑夫病倒了一大半，他本人則因為才抓到一隻新的雌鳥翼蝶而樂昏了頭。這種蝴蝶是高緯度生活的專家，有毛茸茸的身體。

他注意到必須在兩件事中作出決定：繼續留在如此豐富的採集地點，或是回到海岸救他的人馬。兩者都令他相當傷腦筋。而當地人卻一個接一個染上肺炎，他們的呼吸越來越吃力，人也似乎瀕臨死亡。

密克自己也同樣經常處於這種生病且高燒發抖的情況下。「我猜想，」他寫道，「文明國家的人會想知道我心中可曾在任何時刻有過疑慮，就為了採集一些蝴蝶而犧牲這些孩子的健康，甚或是生命。但是置身在蠻荒世界，遠離文明各種理念，人會有一種想法，要說這種想法是草率或草菅人命，倒不如說是對生命價值一種不同的理念。完成某個工作，似乎是更大的考慮。」

終於，一個年輕人死了，密克返回海岸。

類似的場景在世界各地搬演。人們面對危險和疾病，一手抓著捕蝶網，一手握著槍。（不只一個捕蝶人用那把槍射捕從樹頂飛過、搆也搆不著的閃亮的鳥翼蝶）。

一八七一年，米德前往美國西部捕蝶，家書措辭簡潔：

丹佛當地有幾家旅館，我們住的這家旅館不錯，但就鄉村而言算貴了（四塊五毛一天）。周一早晨，我們乘驛馬車往南方公園的費爾普雷，共十七小時。印地安人很友善——上星期他們只殺了一個人，在距離葛里利十二哩的地方……由於在南方公園裡沒有大群印地安人，我想我們冒的險不大。我在此地遇見從前認識的一個人，如今他是懷俄明的地區官員。他不太贊同我們單獨在外紮營，還說我們可能出門四十次都不會出事，但在第四十一次，他們就會「把我們包圍住了。」

還有一個在科羅拉多的探險者，他收集到一批鮮豔的新標本，卻在某個晚上，被馱馬隊兩個馬夫偷了補給品、取走了昆蟲，還把用來保存標本的提神酒喝了。

到目前為止，許多蝴蝶採集者也是博物學家。一八九八年，一本美國東部蝴蝶指南的作者竟可以驚人的正確性寫出蝶卵的形狀、毛蟲的習性，以及成蟲的生理，包括一隻銀點小豹蛺蝶翅膀上的香味鱗片，以及一隻鳳蝶觸角的構造。蝴蝶的生活史，變得與牠的命名和死在針尖下同等地重要。在二十世紀，有越來越多的人跟隨一隻蝴蝶的飛行，不是為了要捕捉牠，而是為了要看到牠飛到哪裡、怎麼打發時間。

全世界已知的蝴蝶有一萬八千種，蛾類有十四萬七千種，兩者都屬於鱗翅目。簡單說，蝴蝶和蛾類的差別在於：蝴蝶多數在白天飛行，蛾類則否；蝴蝶多半顏色鮮豔，蛾類則否；蝴蝶多半有明顯的棍狀觸角，蛾類則否；蝴蝶休息時翅膀會在牠們身體上方拍動，蛾類則否。然而多數的蛾類身體上有絨毛，蝴蝶則否；多數蛾類有鉤，前後翼相連，蝴蝶則否。

蝴蝶有什麼用處？沒有你想的多。蝴蝶不像甲蟲或蜜蜂，是傳播花粉的工具，甚至都比不上牠們的遠親蛾類。如果所有的蝴蝶都消失，少數花朵會消失，但是不多。（如果所有花朵都消失，我們就難活命了。因為我們吃的每樣東西，幾乎都要依賴開花植物。）

中國道家宗師莊子認為，「無用」也是種優雅，甚至還有某些用處。他寫道：「昔者莊周夢為蝴蝶，栩栩然蝴蝶也，自喻適志與！不知周也。俄然覺，則蘧蘧然周也。不知周之夢為蝴蝶與，蝴蝶之夢為周與？」

一位現代的莊子詮釋者提醒我們：描繪「生命與知識如夢境一般，並非貶抑其真實性」。夢境並非暗示虛幻，而是一種「個別身分之間的徹底交換」。

和一隻蝴蝶交換身分是徹底激進的，成為一個顯然不是你的東西，這樣的身分交換也是要找出你與世界間驚人的連結，或許就是找出那隱藏的次元，這些次元存在於感知範圍以外，雖然微小，卻有龐大的力量。

此外，蝴蝶的一生也是神話的搬演。毛蟲在地面上低低爬行，藏在枯枝敗葉中，有些幼蟲身上滿是硬毛，以抵擋捕食者。牠們身上的顏色就如孩童的木頭玩具般未加修飾；牠們會吐出辛辣的東西，並放出毒氣。從先前「妾身不明」的狀態，牠們塑造堅硬而有保護作用的蛹，然後進入一場蛻變的睡眠中。

之後，成蟲破蛹羽化，像鳳凰一樣升起。

而靠著神話生活，害怕改變、畏懼死亡的我們，卻有幸能一再看到這種「變態」（metamorphosis），這對一條綠色的毛蟲來說是如此尋常——從一個有黃色斑點、內裡是一團黏呼呼東西的皮囊，變成一隻翅身有凹溝、顏色鮮明的西部北美大黃鳳蝶。

法國博物學家霍蘭曾說過，蝴蝶「在生命的痛苦中給我們撫慰」。容我大膽臆測：在今日，尋找慰藉而迷戀蝴蝶的人要比以往都多。許多人是研究生和教授。有些人以蝴蝶為範本，檢視基因學和昆蟲生物的議題，這些科學家盡責地將研究運用在農業和環保上。不過大多數人研究蝴蝶的理由並沒有這麼實際，多半是為了最簡單的人性動機。

蜜麗安生於一九〇八年，是羅斯柴德的姪女、查爾斯（一八七七～一九二三）的女兒。查爾斯這人曾有一次因為看到火車窗外有一隻罕見的蝴蝶，而要火車當場停下。不過，他鍾情的是跳蚤，而他的女兒繼承父志，將他收集的數百萬標本編成六冊目錄，並自封「跳蚤女士」。

在蝴蝶研究中，蜜麗安讓我們知道帝王蝶如何攝取並儲存乳草的毒；她也仔細觀察蝴蝶蛹色素的作用。她又證明，大紋白蝶的雌蝶會運用化學暗示，避免產卵在已經有卵或進食幼蟲的葉片上。這些蝴蝶要給子女最好的：充足的食物來源、沒有競爭者。

在二十世紀，蜜麗安協助將十九世紀博物學者和採集者——如同她父親和伯父這樣的人——的工作推展到生態學和生物化學的世界、分子和氣味線及祕密訊號的世界。大紋白蝶被針釘住、命名、解剖、在田野中觀察。不過，該做的事還多著呢！

在思索大紋白蝶的蛹為什麼有時會是藍色的，而其膽色素仍留在表面組織中時，蜜麗安曾老實地問：「誰能解開這個謎？」

誰能解開魔爾浮蝶毛蟲之謎——排出一滴清澈液體，然後仔細梳抹牠所有毛髭？

誰可以說清楚，何以有些蝴蝶會求偶，有些蝴蝶卻是霸王硬上弓？

以及，紅帶毒蝶如何會記住並且避開曾被網過的地點？

以及，翅膀上長耳朵的蝴蝶？

還有，全世界現存有多少蝴蝶、又有多少蝴蝶已經絕種？

該做的事還多著呢！而對於巴布亞新幾內亞和所羅門群島等地方，這話更是沒錯。在這裡，鄧南是替英國自然史博物館工作的科學同業，在最近一次採集行中，他在聖克里斯多福島上遇到一棵開花的樹。這種樹木在短暫而集中的釀花蜜期間會吸引多種蝴蝶；而鄧南的捕蝶網一撲就抓到三隻，是兩種不知名物種的一雌二雄。在之後幾天，他採集到其中一種物種的蝴蝶，數量許多，雖然在當時或是幾個月後，他都會定時造訪那株樹，但卻始終沒有捕到另一種物種。「以前從沒有見過那種物種，」鄧南說，「此後，也沒有見過了。」

現在有一種小型的藍色蝴蝶，就叫做茱莉琉璃小灰蝶。茱莉，是鄧南妻子的名字。

鄧南上次的採集之行是在二十一世紀的第一年，由於當地政變，他被困在提科皮亞島上長達八周。不幸的是，提科皮亞只有十三種已經被發現的蝴蝶，於是鄧南只得想法子打發時間，不是打死蒼蠅餵那隻住在門口台階上的蜥蜴，就是教島上孩童唱那首總也唱不完的「王老先生有塊地」。

現在，他已經準備要出版關於所羅門群島生物地理學的書了。書中會包括七十種新蝶種的描述，以及對於「擬態」（mimicry）的一些有趣的觀察。

「蝴蝶為花園增添了另一個次元，」蜜麗安寫道，「因為牠們就像是夢的花朵——孩提的夢——從枝幹上鬆脫，逃逸到陽光下。空氣和天使。這是我對牠們出現的看法，不是以一個專業的昆蟲學家身分來看。」

生命中有那麼一刻，你必定得望著你喜愛的東西，想著：是的，我當時是對的。愛上蝴蝶的人，很容易就會有這種時刻。

第二章

溫柔又強悍的毛毛蟲

雌蝶產的卵有小珍珠狀、有壓扁的高爾夫球狀，也有威士忌酒桶狀。牠可能一次產下一個卵，也可能產下一團卵。

危險立即開始了。病毒、細菌和黴菌等，都會侵襲蝶卵。微小的寄生黃蜂或跳蚤會鑽進蝶卵組織，產下自己的卵。當這些小東西孵化後，牠們就以毛蟲胚胎為食物。在成年的雌貓頭鷹蝶身上，寄生黃蜂會騎坐在這母蝶後翅上，而在這母蝶產下寶貴的卵時，寄生黃蜂就會像海盜一樣跳下掠奪。一隻食蟲椿象走過，就會把一團卵當早餐吃掉。鹿也會吃孵有卵的葉子。災難的可能性高，倖存的機會卻不然。

如果這隻蝴蝶是弄蝶，孵出的毛蟲會先吃掉卵殼，然後神氣地直立起來，像是從籃子裡伸直身體的眼鏡蛇。如果蝴蝶是鳳蝶，這隻幼蟲看起來會又濕又弱、可憐兮兮，身上的毛平貼著身體。

年幼毛蟲的體型，可以是一個逗號、連接號或破折號的大小。這時候，牠重要的部位都已經具備了：堅硬頭部具有可以咬斷且咀嚼食物的大顎；胸部有三節，每一節都有一對分節的腳；腹部有十節，上有五對偽足，或是小鉤；皮膚上的毛孔會開合，讓空氣進入。整個軀體最末端是一個肛板，但因貌似軀體前端而容易讓人混淆。

這似連接號大小的生物，可以感知到牠的世界。頭的兩側是具有感光色素的單眼，當幼蟲左右搖動，視野所及是一幅馬賽克般的景象，可以輕易分辨黑暗與光亮、水平和垂直。牠的鼻子，即所謂的氣味探測器則遍布全身，在觸角、腹部、腿上都有。有些嗅毛也兼作味蕾，其他絨毛可以感受碰觸，有些可以測知聲音或振動。

在毛蟲的口器上方與中間，是一根管子，可以製造絲。多數幼蟲在往前行走時，會吐出一條黏答答的絲線，幫助牠們附著在爬行的表面；如此一來，牠們就不容易從樹葉或細枝上震落。這條絲線也可以用來捲包樹葉、製造棲所、將蛹固著在牠停駐的地方，或是織出難得一見的繭。

白頂鉤粉蝶產的卵，像是小小一束玉米穗。奇蹟似地，卵孵化了。毛蟲一刻也不停，開始吃東西、成長，一直到牠身體各節間的關節開始膨脹。這種膨脹活化了荷爾蒙，於是新的外骨骼就在舊的外骨骼內形成，而舊的會有部分被酵素消化掉。之後毛蟲會休眠，大口吸進空氣，讓牠的身體各節膨脹，於是，舊皮就會在特定的裂縫處裂開，這隻幼蟲便蛻皮，進入下一個階段。

每個階段稱作一「齡」（instar），而毛蟲就像時空探險者一樣，從一齡前往另一齡，通常共有五個齡。這些階段，也分別稱作一齡、二齡、三齡、四齡、五齡，而五齡就是畢業班了。

毛蟲一心想著食物，簡直是一張嘴直通到胃。一般人常說牠是一個「狼吞虎嚥的嚼食機器」，在書上、文章裡，昆蟲學家一次又一次地重複這句話，口氣是充滿敬佩和嫉妒的。

進食、成長、睡眠、蛻皮、進食、成長、睡眠、蛻皮，幼蟲必須獲得所需的一切營養，才能長成一隻成熟蝴蝶。這些營養通常包括產生卵和精子所需的蛋白質。有些蛾種的體重會達到牠們剛孵化時重量的三千倍。以人類來說，就是一個十磅重的嬰兒，最後會長成一個重三萬磅的成人。

毛蟲外觀差異極大，就像是萬聖節夜晚的一場化裝舞會，包覆肚子的皮膚在不同種類的毛蟲身上，有的平滑、有的凹凸不平、有的披覆細毛或細針，長出細絲或是角。毛蟲的外形有長有短、有胖有瘦，有的毛蟲長得像蛞蝓，有的長得像棕色細枝，還有幾種毛蟲的身上長出附著物，活像是裝上氣球頭飾要去參加紐奧良狂歡節（Mardi Gras）（法國節日，原意為「肥美的星期二」，是四旬齋前期的結束，在美國紐奧良的慶祝活動有如嘉年華會般盛大）一樣。

毛蟲身上的圖案可以像指畫般俗麗，或如荷蘭畫家愛薛爾的作品般細緻。

甘藍粉蝶毛蟲是個極簡主義者，藍綠色的身上是簡簡單單一條黃線。孔雀紋蛺蝶毛蟲有刺毛，黑色的身體上有兩排橘色點、兩排乳黃色點，背部是藍底，側背是橘底。美洲姬紅蛺蝶毛蟲因為身上有黃綠兩色條紋、黑色帶上有紅白兩種色點而被形容為「真正美麗的毛蟲」，當牠停留，為一朵雛菊增添裝飾之後，牠退回到自己絲織的窩，就像個小明星般緊緊關上門。

如果說毛蟲迷戀的是食物，那麼有不少動物迷戀的就是毛蟲。我們看到那些在花園裡飛舞的彩蝶，牠們了不起的地方不只是美麗，還有牠們活命的本領。幾乎牠們所有的兄弟姊妹都進了大自然的食物工廠，不是被病毒感染，就是被黃蜂寄生，再不，就淪為鳥食。

毛蟲需要運氣和策略。

當一隻毛蟲蛻皮、變化、成長，而且在捕食者眼前益加醒目時，牠會需要更多的運氣和新的策略。

北美大黃鳳蝶的一齡幼蟲很小，有斑點、毛茸茸的，在葉片上看起來就只是一個小點，和一點灰塵沒什麼不同。

二齡和三齡的幼蟲看起來像鳥糞，一堆棕底亮白色的東西，這是個滑稽的招數，因為鳥類是不吃自己糞便的。

北美大黃鳳蝶的第四齡，身體是平滑的綠色，還有橘黃色的眼紋，中央是藍色。綠色有助毛蟲融入周遭背景，眼紋則可以嚇跑小鳥。

第五齡的幼蟲已經大到像是一條鮮綠蛇類的前端，有兩個鮮豔而明顯的眼紋和一張很大的嘴（有些研究人員認為這種幼蟲是想讓自己像是一隻惡臭的樹蛙，而不是蛇）。

典型而言，大部分的蝶種都越晚齡時，就越多毛、越多刺、毛越粗硬且看起來越兇惡。或許牠們會有新的肉質細絲，或許看起來像是會走動的髮刷，如果你摸過牠們，這些毛會讓你發癢或紅腫刺痛。這個訊息越來越清楚：我不值得被你送入口中。

當毛蟲進入第四或第五齡時，牠們的行為可能需要跟著外觀一起改變。牠們或許再也不在白日進食，而開始在夜晚吃東西，而吃的東西也可能會不一樣。

鳥類花很多時間盯著植物，所以能夠認出被毛蟲破壞過的花葉。黑冠山雀不但能看出被咬過的破葉，也能找出藏在附近的那個罪魁禍首。冠藍鴉可以分辨出相片中何者為完整的葉片和被吃掉的葉片。

而毛蟲對此的因應之道是沿著葉緣吃樹葉，使得大片葉子看起來像是比較小的完整葉片。

於是，冠藍鴉糊塗了。這是一片沒有受損的葉子、被毛蟲吃掉邊緣的葉子，或是另一種葉子的特徵呢？

有些幼蟲更進一步，甚至在葉片上吃出一個洞，再用身體填進空洞裡。這些毛蟲身上也許有著像是葉片污漬或是乾枯棕色葉緣的圖紋。有一種毛蟲背上有鋸齒花紋，以便模擬榆樹葉片上的鋸齒。

當葉片被咬得太破爛，而毛蟲的出現變得太明顯時，毛蟲就會爬到安全地點，還把證據從樹上咬掉。

問題解決啦！

而有毒的毛蟲，或對某種鳥類而言難吃的毛蟲，就不用這麼辛苦了。帝王蝶吃起東西就會弄得又髒又亂。牠身上的黃黑白三色條紋，就能警告捕食者不得近身。其他有毒的、色彩鮮豔的毛蟲，也都可以自由自在地創造出「幽靈植物」：那些被啃囓得只剩葉梗和葉脈的樹葉。

美國西部有一首哀傷的老歌，裡頭有這麼一句歌詞：「你可以從我的裝扮看出來我是個牛仔。」

你也可以從一隻毛蟲的打扮，看出牠是一片綠葉、一根枯枝、一小坨糞便、一隻樹蛙，或是某種讓你作嘔的東西。

當然，我怎麼看一隻毛蟲，跟一隻鳥怎麼看牠是不同的。山雀的視力比人類好，能看到更多種色彩，包括紫外線，而且看到的顏色也不同於人類。距離、背景、光線移動的型態，這些全都會關係到一隻幼蟲能不能好好躲藏。就連有條紋的帝王蝶也可能一面在樹葉背面進食時，一面融入背景當中。

對毛蟲來說，這種事是沒完沒了的。擔心完這個，還要擔心那個。這對一隻鳥而言是很有效的擬態或偽裝，但對捕食性的臭蟲卻很可能失靈，因為牠們會跟蹤獵物長達一小時之久。有些毛蟲乾脆「明著來」，牠們跳下葉片，只希望別摔死，或者牠們會吐出一條絲，像阿湯哥在電影《不可能的任務》中那樣跳下，吊在這條生命線上，靜候捕食者離開。

有些寄生黃蜂也會守候，等待毛蟲再從這條生命線爬上去。有些黃蜂會慢慢爬下絲線，甚至有些黃蜂會緩緩捲起絲線……

在一場勢均力敵的戰鬥中，毛蟲會拱背聳

黃蜂攻擊戴著氣球頭飾的女士

立，讓體積變大，盡量使自己顯得兇猛威武。牠會前後擺動，再撲向攻擊者，想把對方擊倒。如果對付的是黃蜂或螞蟻，有些毛蟲會吐出一種有毒的綠色液體。群居的玉帶紅肩蛺蝶毛蟲會發出一種臭味。北美大黃鳳蝶的幼蟲有一個橘色叉狀的肉質氣味腺，會突然從頭上迸起。光是突然出現就已經夠嚇人了，何況這個腺體還會放出酸液。

偶爾毛蟲也會嘗試逃亡一途。毛蟲的移動是從尾部到頭部一波波收縮的，每一節會從地面上抬起，往前推向隔壁節，放鬆，再落回地面，這就是一步。正常的行進步子每秒不到半吋，但如果有必要，有些幼蟲可以用倒退快跑的方式加快速度。這時候，身體的波動從頭部開始，身體拱起，將腿扯離地面；當各節放鬆，回到地面，尾部的鉤子就會鬆脫、再鉤緊，而往後退了一步。有時候抬起的身體會朝旁邊收縮，有時候它索性會捲成一個輪狀，以每秒十五呎的速度往回滾！這是一段衝刺，也是最極端的追逐場面。

在一項實驗中，研究人員觀察黃蜂和亞洲鳳蝶毛蟲之間共六百二十八次的互動。由於缺乏經驗，加上才剛開始捕食，有一百七十八隻黃蜂根本沒有攻擊。而面對採取攻勢的另外四百五十隻黃蜂，大多數毛蟲都會弓起身體，伸出牠們那橘色分岔的肉質氣味腺，發出一陣惡臭的化學氣味，其中一百九十一隻黃蜂因為受到阻礙而作罷，這當中有六十四隻成功地再次攻擊，而有二十六隻毛蟲因此選擇從樹上掉落，有九隻存活了。總體來算，黃蜂逮到半數的獵物。

在一個危險的世界裡，躲藏得好才稱得上英勇。大多數毛蟲經由偽裝或擬態藏在敵人視線之下，有些則成群躲進由絲編成的窩中。弄蝶的毛蟲會建造個別的葉片避難所，每個齡的幼蟲都會製造出一種特別構造。一齡和二齡的幼蟲會在葉緣咬出兩道半平行的缺口，像門的鉸鏈一樣，讓葉片可以摺起，並且用絲支索穩住這個結構。三齡幼蟲會在葉緣咬出一個缺口，並捲起大部分的葉片，加以綁住。四齡和五齡的幼蟲，或是把大半樹葉朝中心捲起、固定，再不就是把兩片葉子綁成一個口袋，之後，牠們進到這個小房子裡，希望永遠不要有人登門造訪（弄蝶的毛蟲會從牠們的樹葉屋裡用力快速彈射出稱作蟲糞的排泄物，遠可達五呎，快可達每秒四呎。這麼做可以預防疾病、臭味，以及不雅觀的堆積物）。

如果這個故事裡有壞人的角色——實際上，當然是沒有的——那就是寄生黃蜂了。一隻黃蜂經由氣味的提示，找到寄主，然後產卵在毛蟲體內。當卵孵化後，黃蜂的幼蟲就把毛蟲當成食物來源，在牠身體裡面大吃特吃。在某些物種中，會出現大量黃蜂從已死或垂死的毛蟲寄主體內爬出；而在其他物種毛蟲中，只會有一隻黃蜂存活長大。

寄生蠅也會做類似的事，直接產卵在毛蟲身上，或是在樹葉上撒滿微卵，讓毛蟲吃下。毛蟲媽媽告誡孩子不要舔青草時，心裡想的正是這些微卵。

極少數毛蟲有足夠的招數能對付得了所有捕食者。巴爾的摩方紋蝶的翅緣上有黑色、白色和橘色的圖案，幼蟲群居在絲網中。牠們的顏色擺明顯示「對鳥類有害」。對付其他攻擊者，牠們會嘔吐、猛扭頭，或是逃進窩裡。雖然毛蟲努力防範，寄生黃蜂還是常在初齡幼蟲身上產卵。毛蟲在四齡時會冬眠，於是這些未成熟的類寄生物也要冬眠。當方紋蝶毛蟲在春天開始活動時，平均有七、八隻黃蜂幼蟲會鑽進寄主的皮膚，直接在皮膚底下織起繭，將仍然活著的獵物綁在植物上。一周後，許多成熟黃蜂出現，攻擊這隻毛蟲。

落入其他動物口裡成為食物，是毛蟲的主要生態角色。巴爾的摩方紋蝶、帝王蝶或大紋白蝶會產下數百個卵，但只有極少數的卵能長大到產下更多卵，其餘的卵注定會被發現，成為佳餚。

就連毛蟲賴以維生的植物，牠們吃的樹葉，也都要對付牠們。

情況會更糟。

說實在的，這似乎還挺公平。在任何一座森林裡，毛蟲吃掉的植物或許都要比其他昆蟲吃掉的總和來得要更多。植物會用厚皮、尖刺、厚毛、樹脂或膠狀分泌物，以及鋸齒狀的葉緣直接保衛自己。

有種名為百香果樹藤的植物，會捕捉長齡毛蟲，並且用小鉤子固定住牠們；這場面如同中世紀酷刑。更妙的是，百香果樹藤的每片葉子都很不規則，因此雌蝶很難記清楚產卵的葉片是什麼形狀。

百香果樹藤也長有貌似卵的顆粒鼓起，讓成蝶打消生產更多卵的念頭（在毛蟲的生態中，若生產過多卵，便會出現同類互吃的現象：一齡的幼蟲孵化後是找到什麼就吃什麼的，包括附近的卵和其他的一齡幼蟲）。

而某些物種中，植物的凸起物會促成蝴蝶產卵在一個日後會被植物本身遺棄的地方，這樣就能有效除掉後患。有些樹葉會在蝴蝶卵的周遭枯死，而枯掉的組織也就掉落地上。

其他植物則有毒囊遍布在植物內部和樹葉各處，每咬一口，毛蟲中毒便更深。有些植物還有導管或脈管，會流出有毒的膠質，讓昆蟲動彈不得，活活毒死。

乳草的導管系統中流動的，就是這種要命的汁液。這種方法對多數昆蟲都能見效，但不包括帝王蝶和牠們的親戚，牠們已經有了因應之道：吸入這些化學物質，使自己令捕食者嫌惡。蜜麗安某次曾觀察到帝王蝶幼蟲舔食從一枝葉脈緩緩流出的乳液，像是一隻「貓在喝牛奶」。另一名研究人員看到帝王蝶幼蟲用大顎挾緊葉脈，限制自己的吸入量，同時從內部破壞植物的導管系統。

許多蝶種的幼蟲則是在葉片上橫咬出一道溝，讓導管在牠們還沒吃食前，就流乾了。

構造是植物的第一道防線。一旦一隻毛蟲開始吃食而破壞了植物的構造時，牠唾液中的化合物也會被樹葉認出是某種形式的攻擊，於是整株植物拉起警報。隨即，迸發的荷爾蒙展開第二道防衛系統，這是一場反攻，可能包括將新產生的毒素快速送往受損的葉片，同時毒素的化合物會減慢毛蟲消化植物的能力。

製造這些化合物會消耗昂貴的資源，況且昆蟲也許會適應新的毒素，於是還有第三道防線：有些植物會發散化學訊號到空中，不顧面子的大喊「救命」。

寄生黃蜂聽到呼救了，其他捕食者也聽到了，例如小卻貪婪的半翅目昆蟲，於是牠們跟隨植物的氣味而至，找到毛蟲，攻擊牠。從植物的觀點來看，牠們正是趕來的救兵。

受傷的植物也會施放化學物質，要蛾類避免再在植物身上產更多的卵。蛾類會聽從，因為牠知道植物的防衛已經被這可能跟牠競爭的幼蟲所啟動了。而蝴蝶，或許也得到類似的訊息。

這就是那另外的次元，若有似無，存在於我們所知之外：分子的求救呼喊、詭譎的氣息、空氣中的祕密。

一層又一層。一株植物發散出的化學混合物，可以宣布是哪一種毛蟲正在吃樹葉，而告訴那些愛挑剔的寄生黃蜂：這隻毛蟲會是適合牠們幼蟲的寄主。

植物如何分辨不同的昆蟲種類、或是分辨毛蟲咬的傷口和其他的不同？研究人員認為，生長在毛蟲內臟的細菌或許會產生化合物。

這只是另一個背叛，一個如同狄更斯小說主人翁童年時的背叛。

第三章 在外靠朋友

在一個危險的世界裡，有朋友是件好事。就連毛蟲也有個三朋四友，牠們多半是螞蟻，不過我把人類也算進去，例如德佛瑞，他是麥克阿瑟學者，研究毛蟲已經有三十年之久。

德佛瑞在大學時念的是植物，他有許多朋友研究蝴蝶。當這些人到野外時總是揮著網子跑來跑去，又得意洋洋地提高聲音說著話。德佛瑞沒法比，於是他改變方針：他去探尋毛蟲吃些什麼，然後他發現了毛蟲。

日後他在《哥斯大黎加的蝴蝶》一書中就戲謔地寫道：「觀察一隻蝴蝶，能夠知道牠和寄主植物以及和棲息地一連串的交互作用的關聯，多令人滿足啊！若只有揮揮網子，抓個標本，這是多麼懶惰呀！」

德佛瑞開始鑽研螞蟻與毛蟲間的關聯是在婆羅洲的時候，他看到一群螞蟻和一種藍蝶幼蟲打交道。他也很容易在加拿大、中美洲或英格蘭看到這種情形。全世界有超過兩千種的蝴蝶都害了這種「蟻類愛好」的病，也就是說牠們愛螞蟻。

德佛瑞說，「我知道這個主題可以讓我維持很久的興趣。」

在巴拿馬，德佛瑞以蜆蝶的毛蟲做實驗。這種毛蟲吃的是一種小樹的樹葉，每片葉子底部都有一個小小蜜腺。蜜腺會製造一種甜甜的汁液，可以引來螞蟻守護著樹，不讓其他破壞性昆蟲近身。而這批螞蟻也照顧蜆蝶的毛蟲，不讓牠們受到捕食的群居黃蜂侵犯。

生物學家做的就是這種事，所以德佛瑞把毛蟲分別放在有螞蟻和沒有螞蟻的植物上，計算這些幼蟲能夠存活多久。如果有螞蟻在，牠們就會奮勇護衛毛蟲；如果沒有螞蟻在，就會有黃蜂逐漸逼近葉片，用刺去叮幼蟲，砍斷身體，把斷碎的部位帶走。不到幾分鐘，沒有受到保護的毛蟲就被飢餓的黃蜂幼蟲吃下肚了。

黃蜂的行為似乎還比螞蟻要合理。

不過螞蟻自有盤算。牠們先不管年幼的蜆蝶，而靜候幼蟲長到三齡，這時牠們已經長出許多新器官，現在當螞蟻搓揉牠們的背部時，毛蟲背上就會出現一對腺體。德佛瑞說這腺體看起來像是外科手術用的橡膠手套的手指部分，這腺體會分泌一種清澄的液體，螞蟻看來喝得很開心呢。

由於急切想要這蜜汁，所以螞蟻會一再地搓揉毛蟲。德佛瑞估算，照料一隻蜆蝶幼蟲的螞蟻，一分鐘至少要找牠們的新朋友一次。當毛蟲厭煩了牠們的照顧時，會啪啪地拍打地面，這些螞蟻就會像是挨罵的孩童一樣立刻停下，但只停一會兒。

螞蟻並不回到自己的蟻穴，而是陪著一隻蜆蝶毛蟲一個星期以上，用一連串把戲和假裝的責任感賴著不走。

毛蟲前端有兩個觸角器官，似乎會釋放一種有警告作用的化學物，這和螞蟻之間彼此傳訊號時使用的化學物質類似。當這些器官出現時，德佛瑞說，他看到照顧的螞蟻「立刻改成一種防禦的姿勢，大顎張開、腹部蜷縮在身體下方。」當他故意玩笑似地把小枝或小草移近毛蟲時，螞蟻會憤怒地衝向目標，對它又刺又咬。

在毛蟲頭部上方還有兩個像棍子的器官，稱作乳突，它會發出一種聲音，或說是震動式呼叫。德佛瑞曾經是爵士音樂家，他將毛蟲乳突比作南美鋸琴，這是一種拉丁美洲的樂器，運用在騷莎或巴薩諾瓦音樂中，奏法是用一根木棍拉過刻出溝痕的葫蘆。就像鋸琴一樣，當毛蟲移動牠的頭時，有一圈圈環紋的乳突就會摩擦到特別的突起或脊狀物而發出聲響，這種震動的歌曲仿效螞蟻吸引彼此注意時的呼叫聲。

對於蜆蝶毛蟲而言，有好食物、好音樂和費落蒙這種化學訊號營造出派對般的氣氛，就保證會有心甘情願的保鑣供應。毛蟲也有好處，牠們可以喝到植物的蜜腺分泌的東西，而這是螞蟻原本該守護的。

在別的地方，例如澳洲，琥珀小灰蝶毛蟲白天就待在螞蟻建造並維護的一處精緻地下室中。這些房間可以容納多達二十個蝴蝶幼蟲和十個蛹的量，日落時，毛蟲就會出來吃葉子；日出時，牠就再躲回地下。一隻琥珀小灰蝶幼蟲從早到晚可能有多達二十五隻螞蟻照顧，而幼蟲和蛹就提供汁液作為回報，這是一種混合葡萄糖和氨基酸的好東西。

澳洲長尾綠小灰蛺蝶的毛蟲有三種螞蟻會回應的叫聲：一是快速的嘶－嘶－嘶；一是咕嚕聲；還有一種低音的嗡嗡聲。當幼蟲被一隻工蟻發現後的前五分鐘，會有這種嘶嘶聲。之後螞蟻來照顧時，就會發出咕嚕聲。而嗡嗡聲則是有被照顧和沒有被照顧的幼蟲都會發出。

亞洲一種肉食的藍蝶毛蟲會吃蚜蟲，蚜蟲也受到螞蟻的照料，而螞蟻卻同時照顧毛蟲。但螞蟻似乎比較偏好藍蝶幼蟲的蜜，比較不喜歡蚜蟲的蜜，因此蚜蟲就被犧牲了。

在歐洲，另一種藍蝶幼蟲像是一種凶惡的螞蟻幼蟲。螞蟻會找到這些幼蟲，把牠們運到自己的窩裡，讓毛蟲一住就是好幾個月，還能吃到真正的螞蟻幼蟲，而且是由其父母大方供應。描寫這個情景時，作家兼鱗翅類昆蟲學家納布可夫（一八九九～一九七七）嫌惡地嘆道：「這就好像母牛給我們水果奶凍，我們就把自己的嬰兒給牠們吃一樣。」雖然毛蟲會分泌蜜汁，但是牠們總體的影響會傷害蟻窩，其實牠們是寄生物，或許從一個曾經雙方蒙利的關係中演化而來。

英國的黑星琉璃小灰蝶和木蟻之間的悲喜劇關係，早在一九二〇年代就被發現。之後不久，小說家麥肯錫爵士在一次ＢＢＣ訪問中將毛蟲想像成被一群醉醺醺的快活螞蟻運到冥界的帕賽芬。這位冥后帕賽芬在冥界吃螞蟻幼蟲，變成蛹，然後破蛹而出。這時她真正的本性才顯露出來。她的蜜腺不見了，她的主人很生氣，於是她排出一種黏黏的物質，使追逐她的人絆住腳而脫逃。她很快逃到地面，而在藍藍晴空下，她振開翅膀，「就像天空的一小部分一樣地飛遠了。卵產在野百里香草叢上，一段時日後，毛蟲……吃起肉來了。」

一九七九年，因為以英格蘭西南諸郡長草為食的兔子病死，造成英國的黑星琉璃小灰蝶絕跡。由於兔子沒有了，長草就長得比木蟻喜歡的短草多，而掩住黑星琉璃小灰蝶雌蝶產卵的大片百里香草。如今該地區主要的螞蟻是另外一種，而當牠們發現黑星琉璃小灰蝶毛蟲時，就會吃了牠。

之後，瑞典黑星琉璃小灰蝶與短草、百里香和兔子被重新引進，並仔

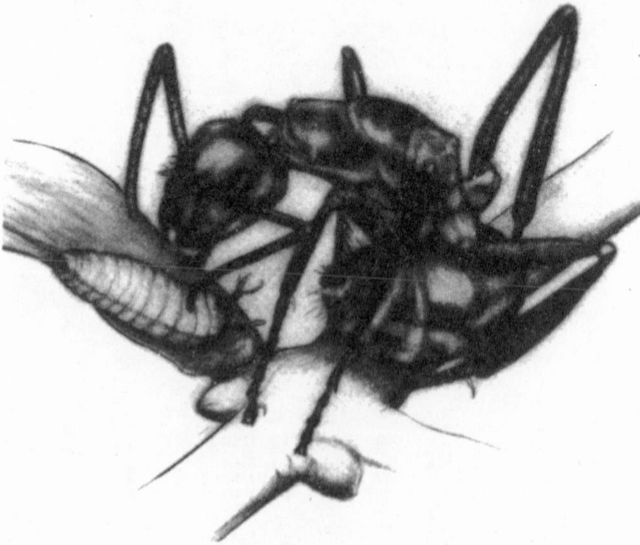

螞蟻照顧三齡毛蟲

細培育。這新進的灰蝶與原先在此地的物種可能有近親關係，甚或完全相同。

「這是如此複雜、如此相互糾纏，」德佛瑞說。由於他研究熱帶蝴蝶，又由於熱帶蝴蝶似乎要隨著牠們的雨林一起消失，德佛瑞抱怨說他「靠寫墓誌銘維生」。

「說來可悲，」他繼續說，「我們真正知道的生命史何其少！」

毛蟲一般而言都是獨來獨往的。也許有百分之十與螞蟻有交往，另外有一小部分可以歸類為「群居」，彼此有往來。

聚集在一起並且一起進食的群居幼蟲，經常會玩一種機會遊戲。數目多會有保障：位在葉片外緣的幼蟲容易被寄生，但是如果你是在中心地帶，不被寄生的機會就比較大。

也或許有些幼小的幼蟲無法憑一己之力攻擊粗硬的樹葉，而以群體力量就比較能夠吃到。這些毛蟲通常都有代表警告意味的顏色，也會集體發出這樣的訊號：牠們是難吃的。

在墨西哥，漿果鵲蝶毛蟲以聚落方式生活在八千呎的高山上。阿茲特克人稱牠們墨西哥斑粉蝶（會做袋子的蝴蝶），因為牠們有耀眼的白色絲築的窩，一棵樹上有二、三十個，共可容納好幾百個兄弟姊妹。墨西哥斑粉蝶夜裡會離開窩去吃東西，白天再回窩裡取暖。雄性比雌性多，大約是四比一。築巢、維修工作多半由牠們做。牠們也會留下痕跡，在通往翻找食物地點的路上留下細絲痕跡這種化學線索，讓其他毛蟲跟來。一般來說，「無私的」雄性會因為營養不良和疲憊而死。雌性體積可達雄性的兩倍，牠們會保留氣力，留待成熟產卵時耗盡。到了春天，漿果鵑蝶要化蛹時就會緊緊擠在一起。

聚在一起化蛹的強烈慾望倒是很少見。大多數毛蟲不單喜歡孤獨，也會感受到一種必要，不得不離開寄主植物，尋找一個更有保護、更不明顯的地方，遠離所有這些已經破損了的樹葉。（弄蝶幼蟲是例外，牠們會在葉上的窩裡捲曲起來）

這場派對要持續多久？毛蟲能活多久？

由於漿果鵑的葉沒有多少氮，所以墨西哥斑粉蝶化蛹前需要八個月之久才能獲得所需的蛋白質。罕見的肉食毛蟲也許只需要三星期，吃花朵和水果的毛蟲在四星期裡消耗足夠的食物，吃樹葉的幼蟲可能需要八星期。在較缺乏營養的青草上，毛蟲或許要花上三個月；在難消化的樹根上，毛蟲可能會需要兩倍的時間。氣候嚴寒的地方，成長季節短，幼蟲的階段會持續二到三年。

毛蟲能活多久，也可能要視牠羽化成蝶後能活多久而定。如果你是隻難吃的蝴蝶，由於有這種良好的防衛，不怕捕食者，你會想要縮短作幼蟲的時間，因為那時你很容易受到寄生物的侵襲。這就意謂你進入成年生活時體內儲存的養分比較少，所以你必須找到含氮量更為豐富的蜜汁。你甚至會像紅帶毒蝶和斑馬長翅蝶一樣，演化到吃起花粉來了。

如果你在成年時比作幼蟲更容易受到攻擊，你或許會希望延長你的童年，利用這段時間獲得必要的養分，使自己在蝴蝶時期快快交配、繁殖。

在某個時刻，鈴聲響起。時間近了。身體關節成長，啟動了荷爾蒙，而荷爾蒙控制了每次蛻皮的進程。在第五齡時，最後一次的蛻皮也將體節之間的關節做最後一次的拉長。這時青少年荷爾蒙的製造停止，一個新的指令開始在某些細胞的基因中打開開關。

也有人認為，血液中黃色的胡蘿蔔素高度感光，或許有助於計時，告訴某些物種白日漸漸變短，必須快快找到有保護的地方。

大紋白蝶的幼蟲可以分辨十四個半小時與十五小時光照的差別。當內部條件已經準備好，而且每天有十五小時以上的日光時，毛蟲會變成蛹，並且在不到兩星期的時間化成大紋白蝶。當內部條件已經準備好，但是一天日照不到十五小時，毛蟲也還會變成蛹，只是要等過一個冬天。

是毛蟲的血液在計算時間。

你等待時機，一直到兩星期或兩個月或兩年之後，你改變了顏色，清空你的五臟六腑，而開始一個短短的漂泊階段。

你開始漫步。
你漫步到門廊。
你一口氣爬過小徑。
某個重要事情就要發生了。

第四章

「變態」

納布可夫或許是二十世紀最著名的鱗翅類專家。許多人知道他，是因為他的小說《蘿莉塔》，而大學英語系學生對他的作品有更廣泛的體認；但是昆蟲學者仍然會提到他對北美與南美琉璃小灰蝶的重新分類。納布可夫寫過二十二篇科學專論，他曾發現幾種蝴蝶，還在哈佛比較動物學博物館擔任六年的研究員。他的某些關於蝴蝶的研究極有發展性，但是他留給後人更大的財產是他對蝴蝶的描述，以及他將他稱之為惡魔的熱情，傳達到這沒有熱情、對一切茫然困惑、但仍然願意接受取悅的世人身上。

「一般人不注意蝴蝶的程度，說起來真是驚人。」納布可夫感到神奇，並且決定要去移動這座不動的山，並非出於為他人著想，而是因為他別無選擇：他是個無時無刻不注意到蝴蝶的作家。

一九五〇年代在康乃爾大學的一場演講中，納布可夫討論卡夫卡的《變形記》和史蒂文生的《化身博士》時，離題講到了毛蟲的變態。他同情幼蟲日益增加的不舒適，包括頸部的緊繃感，以及眾所周知即將迫近的內爆與難堪。

「是這樣的，」納布可夫開始說道：

毛蟲必須設法處理這種可怕的感覺。牠四處走動，找尋一個合適的地方。找到了。牠爬上一座牆或是一根樹幹。牠在這個棲身處下方給自己做了個小小的絲線墊子。牠用尾端或最後頭的腿將自己從絲座倒吊著，頭下尾上，姿勢像是一個倒寫的問號，而這裡也確實有個疑問：現在要怎麼樣丟開牠的皮膚？

納布可夫描述了化蛹前毛蟲的情況，在牠最後一次化蛹努力中倒吊個好幾小時。終於，牠的身體一陣擺動，「從肩膀一直抖動到臀部」。

「接著是最重要的時刻……這時候的問題是要脫去所有的皮，就連倒吊用的最後面那些腿皮都要脫掉，但是要怎樣做到這一點而又不會掉下去呢？」教授停了一下。我們可以想像他那些學文學的學生一副困惑但還不至完全呆住的神情。

「於是，牠做了什麼？」納布可夫重複一遍。

這隻勇敢、不屈不撓的小動物做了什麼呢？牠已經脫掉部分的皮了。牠小心翼翼地伸出後腿，把這些腿從牠倒吊著的絲座上挪開，然後以一種讓人稱奇的扭扯的動作，類似從絲座跳開，抖掉最後一點「褲襪」，立刻又在同樣扭扯的動作中，以褪皮內部中、於牠身體尖端的鉤子，再次把自己黏上去。感謝上帝，這時所有的皮都已脫掉，而這露出來的尖硬而發亮的表面就是蛹了。

其他的昆蟲學者也注意到這項令人佩服的扭轉動作（主要是刷腳蝶和天狗蝶兩科會這樣做）：就在那一瞬間，觀眾靜靜坐著，而空中飛人從這個秋千盪到另一個秋千，而後掛鉤緊緊扣住。

這裡沒有安全網，這一點或許可以說明包括鳳蝶、粉蝶和黃粉蝶在內的大多數毛蟲，都要先織出一個絲的腰帶，讓自己和牆壁或樹枝表面相連。有些幼蟲不是用尾部、而是用頭吊著。弄蝶會織出一個用樹葉做的蔽身處，而太陽神絹蝶會做一個鬆散的繭。

外皮已經脫落，下方顯露出來的表面，也就是堅硬的蛹，是一個不明確也不規則的橢圓形。蛹可能會長毛、長角、有棘狀突起或有蜜腺去餵食友善的螞蟻。正在蛹內發育的蝴蝶有些特徵可以從蛹的形狀認出：翅墊、胸的曲線、腹部的突出狀，多數蝶種都有明顯可辨的細節。

狀似倒寫問號的帝王蝶蛹，看起來像個翠玉耳環。靠近淡綠色頂端，有一圈細緻的金色環帶，以一條窄黑底線襯托著，而蛹的下半部身體，有更搶眼的金色裝飾著。同樣充滿金色的黃斑帶蛺蝶蛹，或是在深綠色胸部有一個銀色橢圓形狀圖案的橫帶褐蛺蝶蛹，也可以說是珠光寶氣。沒有人能完全明白這種閃亮外觀的目的。也許這些蛹發出閃光是為了嚇走捕食者。或許在陽光的照射下，樹枝因而呈現的光亮與黑暗，正巧讓牠們的反光可以成功偽裝於其中。牠們也許是想要模擬成有金屬光澤的甲蟲，也許是模擬成雨點。

其他顏色大膽的蛹，還有帶藍色的白色巴爾的摩方紋蝶，身上有橘色的凸起、黑點和橫線。澳洲某些蝴蝶的蛹是一團驚人的艷黃色。哥斯大黎加有一種蝴蝶被形容為鉻鋼

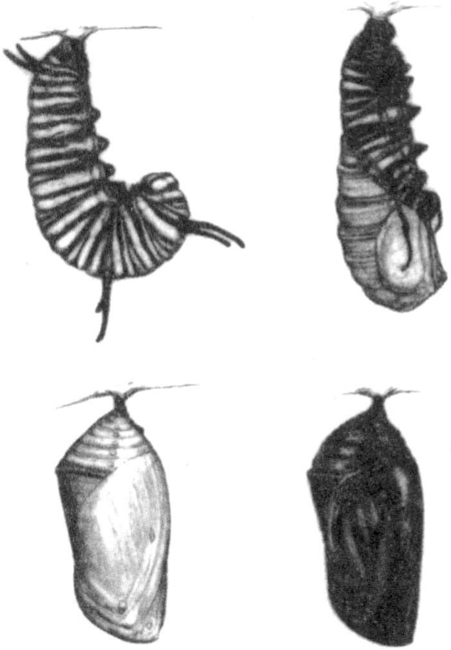

帝王蝶的變態

色，像是小小的汽車鏡子，牠的翅墊還有紅邊。

不過這些是例外，是幸運的和難吃的蛹才有的。對於一隻鳥或是蜥蜴而言，多數的蛹都是一種方便餐：包裝完整、動也不動、充滿養分，是道地的熱量糖果。

因此，白帶網紋蛺蝶的蛹看起來像棕色枯葉；姬紅蛺蝶的蛹像是石板；歐洲雲上端紅蝶的蛹會被誤認為細枝上長出的刺。

在某些蝶種中，毛蟲成蛹前的環境背景顏色就決定了蛹的顏色，如果背景是綠色，蛹就是綠色，背景是棕色，蛹就是棕色。

蛹可是非常小心地選擇牠的衣服呢！

蛹正待機而動，這是個得迅速反應的遊戲。有時候牠會在捕食者威脅時抽動腹部。有時候某些蝶種的蛹會利用一排鋸齒摩擦甲片，發出「喀利」的聲音。有些蛹能夠發出嘶嘶或嘰嘰聲，或是一陣震動的波，嚇阻攻擊者或是對螞蟻發出訊號。在絲蘭樹根的弄蝶的蛹，會在其長長的洞穴中笨拙地上下移動。

但是蛹大體上是沉靜、不動、專注的。

牠究竟是在做什麼？

其實許多改變在成蛹之前就開始了。早在第一個幼蟲階段，也就是一齡的時候，蝴蝶的翅膀就出現了，就是在胸節內的增厚細胞，而這些細胞會變成兩個囊袋，稱作翅芽或是器官芽。到了最後階段，也就是第五齡時，每個囊袋都會向內摺起，成為一個四層的構造，對應未來成蝶翅膀的上表面和下表面。這時脈管的形態已確立，翅膀的藍圖也逐漸形成，甚至小到最小的眼紋。

其他的成蝶構造也會在幼蟲皮膚下開始生長。待毛蟲找到牠的棲息地點，在其化蛹前吊起身體時，這些新的成蝶部位浮上表面，比如觸角或是用來吸花蜜的針狀吻。這時毛蟲的顏色也會改變，鳳蝶會變成棕色。

到了納布可夫嘆道「感謝上帝，所有的皮都已脫落」，而堅硬的表面也露出時，「變態」的工作也已經完成大半。

在化蛹的前半期，翅芽會一直長到成蝶翅膀的大小，只是被限制在蛹的狹小空間內，牠們翅膀表面被壓縮皺起，像是尚未吹氣的塑膠氣球。翅膀上的鱗片開始發展，色素也在合成，去填入已準備好的圖樣上。這是一個「按數目著色」的圖畫，最後一些修飾會在蝴蝶出蛹前加上去。

孔雀紋蛺蝶眼紋附近的圓環會變成黃色。

從一開始，毛蟲體內的細胞就一直在做準備，基因開開關關。就在變硬的蛹身上，它們終於像是一千台彈珠遊戲台。碰！喀唧！彈回！這是彈珠奇技，混亂控制了，沒有一樣是隨意的。簡單的幼蟲眼睛消失，複雜的蝴蝶複眼從其他細胞長出來。腿拉長，還加上節肢。新的肌肉也發育出來，有些是為了飛翔。那個凸顯的大肚子縮小了。性器官出現，雌性體內的卵會成熟，雄性體內的精子也會。

哨音、閃光、鈴聲大作！每樣東西都在加快速度，要在正確的時間被推向正確的地方做正確的事。細胞死亡，被重新吸收，細胞分裂，細胞重新建造。你就勝了！

在蛹內的時間，也就是從黏答答的毛蟲到成蝶所需的時間，依種類的不同而異，從幾天到幾星期不等。

在嚴寒或酷暑的氣候裡，蛹也會延遲變形，而進行冬眠或夏蟄。有些蛹可以等待正確的訊號，不論是熱是雨，一等就是五到七年。

一個裝黏液的囊袋在一片葉子上爬行，吃個不停。然後牠倒吊起來，變成別的東西，於是一隻蝴蝶誕生了，像是一小片藍天、一個花梢的圖案。

美的姿態好像太不經意了。

我們是說故事的動物。高高的山峰覆蓋著皚皚白雪。誰沒有在山裡見過上帝？我們創造了故事，或者我們只是呼應了它們？

對於蝴蝶的故事，全世界的人都有相同領會。

當印度教神祇梵天看到祂花園裡的毛蟲變成蛹而後又變成蝴蝶時，祂想出了「轉世」的概念：經由重生而達圓滿。希臘人以「psyche」一字代表蝴蝶和靈魂。埃及墓地與石棺上的古老圖形顯示蝴蝶環繞著死者。在第五世紀，教皇格拉修一世發布一項宣告，將基督的一生比作毛蟲的一生：「毛蟲已再起！」一六八〇年在愛爾蘭，有一條法律禁止殺死白蝴蝶，因為牠們是孩童的靈魂。在爪哇，一八八三年，蝴蝶的遷徙被解釋成三萬死難人的旅程，他們死於喀拉喀托火山爆發。一九九〇年代在中國，在被處決人犯的牢房中發現許多純白色的蝴蝶，而這些犯人不久前才改信佛教。

蝴蝶是人的靈魂。有什麼證據比這更明顯？

二次世界大戰後，作家庫伯勒羅斯造訪一處波蘭集中營的營房，看到當年被關在裡面的猶太人在牆上刻了成千上百隻蝴蝶。「死了以後，他們就能離開這個人間地獄，」她寫道。「不再受苦刑、不再與親人分離、不再被送往毒氣室。這可怕的人生再也無所謂了，很快他們就要像蝴蝶出蛹般地離開他們的軀殼了。」

蜜麗安在耶路撒冷看到用橘色粉筆畫的相同圖像，「那是每個猶太男女都熟知的一種蝴蝶，是德國死亡營裡的孩童在被送往毒氣室前畫的。單單在一個集中營就有一萬五千個孩童被關，只有一百人活下來。這蝴蝶的圖畫是逃出的象徵，逃離這世人所知最深切慘烈的痛苦。」

蝴蝶、死亡、復活。除了維多利亞時代的收集者之外，沒有幾個文化對蝴蝶的著迷程度有古代墨西哥的貴族那麼深。這些人將祭祀儀式中的犧牲轉變成一種由政府發起的藝術形式。在每個月的第一天，好幾百人的阿茲特克百姓都要被殺死，包括孩童、俘虜和奴隸，而在特殊情況時，死者更達好幾千人。

十六世紀地位崇高的阿茲特克人都會隨身佩戴花束。每個人都知道在花束上方聞花香是不禮貌的行為，因為花朵上方是留給蝴蝶的。蝴蝶正是戰士和被犧牲獻祭者重返的靈魂。阿茲特克人和十至十二世紀時在墨西哥居統治地位的印地安人托爾特克（Toltec）的盾牌上，通常都裝飾有蝴蝶的圖案。蝴蝶可能和愛情女神索琪桂莎爾有關，女神在戰場上和年輕男人歡愛時雙唇間會夾著一隻蝴蝶。她的親吻就是向他們保證，如果當天戰死，他們就能重生。

索琪桂莎爾是奎札寇特這位生命之神的母親。生命之神曾建議阿茲特克人不要用剖開活人胸膛取出心臟獻祭，改以薄餅、香燭、鮮花及蝴蝶代替，只是這種觀念從沒有深入民心。

在一次慶典上，奇諾其第特蘭的阿茲特克統治者就曾把一萬名犯人獻祭，要他們走上血流成河的神殿。理論上，這些獻祭者可能都變成了弄蝶、鳳蝶、帝王蝶以及漿果鵑蝶。從我們對一隻毛蟲生命的了解來看，戰爭和獻祭的觀念與蝴蝶並列，並不會不合理。昆蟲學者討論的是這些典型象徵圖案背後的精神層面的轉變，他們很少會感情用事。

任何採集蝴蝶的人都常有的共同經驗是，以開心期待的心情持續觀察一個蛹，結果卻看到一隻類寄生蟲，通常是一隻或一群黃蜂。

誠如德佛瑞所指出，「偶爾許多漫不經心的昆蟲學家就是在遊蕩階段注意到毛蟲，隨後把牠們關在盒子裡。」在這時候，他又說，這隻毛蟲很可能早有別的東西捷足先登了。

我就碰過這種事。當時我八歲，我的三年級教室就在一大堆樹的旁邊，可能是桑樹吧，這些樹一到春天就滿是毛蟲的窩，也可能是蠶的窩。當時有人傳說我們老師有一次懲罰一個同學養蠶，就用她的黃色尺把蠶切成兩半。我急忙把我的蠶帶回家，把牠放在一個鞋盒裡，還放了好多桑葉。你可以想像當牠開始結繭時我有多開心。

之後，當繭破了以後，你可以想見我有多驚慌。

一般會發生也確實發生的事，無異是奇蹟。毛蟲捲成一個問號，而這個問題的答案要等到蛹破時，一隻褐斑蝶——帝王蝶的表親——在臨破曉前，從蛹中出現，身體看似腫脹，而翅膀可憐兮兮的、濕淋淋而捲曲著。

牠需要地心引力的幫忙，於是牠爬到能把翅膀垂下的地方，好讓牠將血液鼓進翅膀的血管，讓翅膀得以伸展、變硬。牠也需要排除廢物，所以牠排出一種帶綠色的紅色液體。牠需要除去死掉的細胞和觸角的皮。牠需要併攏針狀吻的兩個半部，使之能發揮完美的吸管作用。

牠遲疑地移動頭和胸，這些地方有美麗的圖案，黑底白點。靠近牠棍棒狀觸角的小突起，或稱觸鬚，日後可以作為清理和打掃之用。牠的胸部和腹部是牠最堅硬的部位，能夠禁得起捕食者的抓扯、試探和排拒。和所有昆蟲一樣，牠有六隻腳，不過牠最前面的一對腳縮小了。

看得出來，牠的力氣一秒秒地增加了。牠那大大的翅膀是一種赤褐橘色，還有一道黑色扇形飾邊。上頭的一對翅膀稱作前翅，下方的一對是後翅。牠在原地移動身體，抬抬腿，這時體重大約是毛蟲時期的三分之一。

曾經牠是個肚子接著一張嘴的東西，此刻牠被造就成要在空中飛舞。

昔日牠迷戀的是食物，眼前牠一心一意只想交配和產卵。

在約莫一個小時的時間裡，牠已經準備振翅飛翔了。

「毛蟲已再起！」

第五章　蝴蝶的智慧

花和蝴蝶有一種生意關係。蝴蝶需要花蜜裡的能量，而花蜜是花朵製造來吸引傳粉者的。當蝴蝶伸直牠的針狀吻去找花蜜時，花朵雄蕊上的花粉粒，也就是雄性生殖細胞，會沾到這隻昆蟲的身體，這些精子細胞因此被這昆蟲帶到另一朵花上，於是花粉就有機會附著在雌性的柱頭上，使這朵花的卵得以受精。

花和蝴蝶交易時會想要一個靈光的生意夥伴，不要太聰明，像那些大黃蜂，誰都知道牠們的惡劣，從花的基部後方進到花裡，只會偷吸花蜜，而不帶走花粉；也不要太笨，像某些螞蟻，吸了花蜜，帶走花粉，卻漫不經心的，以化學方式使這些花粉喪失生育力。花朵說話時，需要一個好的傾聽者，能夠明白規則並且確實遵守，它們要對方帶走自己的一堆花粉飛到另一朵有類似顏色、類似外形並且相容的雌性柱頭。

花與蝴蝶之間的協議，說老實話，比不上花和一些其他昆蟲之間的協議完備。生物學者認為昆蟲的聰明是有階級的，位置在最頂端的就是蜜蜂。

「蜜蜂被視為昆蟲世界的知識分子，」研究蝴蝶的生物學者瑪莎說。「牠們有沉重的壓力，要有效率地採集花蜜和花粉，讓牠們的蜂窩能過冬，牠們有那種『忙碌的蜜蜂』的氣息，牠們有神奇的蜂巢建築。牠們還有嚇人的刺，我認為這一點更增加牠們的魅力。」

在一項實驗中，蜜蜂被訓練要在每天早晨九點半和十一點之間去挑選一朵藍色花的右下方花瓣，然後在十一點和十二點半之間去挑出一朵黃色花的左下方花瓣。這些蜜蜂約有百分之八十的時候是正確的。如果要研究人員去做同樣的工作，他們的正確率說不定也就是這個數字呢。在實際生活中，蜜蜂就像某些蝴蝶一樣，會巡行一連串的花朵，這些花只在一天當中的某些時刻會開，並且只在這些時刻提供花蜜，牠們的學習能力是深植在時間中的。

在另一個實驗裡，共三次的採蜜飛行中，實驗人員給蜜蜂九次不同的味道聞，中間只隔二十分鐘，每種氣味會帶給牠們不同的報酬。第二天這些蜜蜂能在正確時刻挑出正確的氣味，九次全都正確。

蜜蜂和螞蟻以及許多黃蜂一樣，是群居的昆蟲，生活在高度組織的窩中。科學家認為這些昆蟲的學習能力最強，因為牠們必須發展出溝通和互動的方法。

昆蟲學者對蜜蜂所知也較多，這也是因為蜜蜂比較容易研究、容易飼養、容易以一個持久的聚落方式保存。

「但是許多其他昆蟲也同樣聰明，」瑪莎說。「牠們受到委屈、被加上了刻板印象。比方說，蝴蝶很美麗，牠們在陽光下四處吸取花蜜、交配、產卵。牠們看起來很懶散，又打扮得漂漂亮亮。事實上牠們只是聰明地做著牠們必須去做的事。」

對於蝴蝶這種獨來獨往的昆蟲來說，細膩的學習方式或許更重要，因為單隻的蝴蝶必須一肩扛起所有生活重擔：覓食、交配、找蔽身處、產卵，這些任務大都必須在幾天或幾周內很快完成，而牠們所處的環境卻經常是無法預料的。

瑪莎最初有興趣的並不是蝴蝶，而是花朵。她對於許多種花會在成長後改變顏色感到不解：例如羽扁豆的藍色花瓣上的白點變成紫色、白色水仙花田變成粉紅和紅色，另外有一種白花上的黃圈會消失。

馬纓丹的花是叢生花序，一束束長在同株植物上。開花的第一天，馬纓丹花是檸檬黃；第二天，花變成橘色；第三天，變成紅色。現在瑪莎知道這些和其他共有兩百種以上的開花植物為什麼會隨著年紀而改變顏色，它們是在發出訊號給它們的傳粉者，告訴牠們自己沒有花蜜或是再過些時候就要沒有花蜜了。如果順利的話，它們也已經受精了，因此傳粉者可以到同一個馬纓丹叢裡去探尋其他較年輕而沒有受精的花。

馬纓丹叢希望它的花朵被探查、受精得越多越好，而蝴蝶希望盡可能做最少的工作、採集到最多的花蜜。

花朵表示自己已經受精的方式是乾縮並且凋謝，但是如果花朵仍然有繁殖變化，部分花朵或許仍然有花蜜可用，或可繼續受精。

還有，如瑪莎所說：

許多傳粉者都是以視覺為主。有東西吸引牠們的目光，牠們就決定要過來。花朵的炫目展示就像一面遠方的旗子，從老遠的地方吸引蝴蝶。一旦這個傳粉者來到面前，植物需要發出另一個訊號，告訴牠們到哪些花朵去探蜜。馬纓丹叢會讓花朵開上三天，如果不以訊號告訴對方哪些花有好東西哪些花沒有，傳粉者或許會浪費時間，於是發火離開。

瑪莎自問花朵為什麼要改變顏色，也找到了這個答案。接下來碰到的問題是，她不解這些蝴蝶多半時間用針狀吻伸到花蜜豐富的「黃色」馬纓丹花中，而不是橘色或紅色花。這種反應是本能或是學習而來？或是二者都有？

那些關於蝴蝶的老調果然不假嗎？

做昆蟲的實驗會用到美術與工藝手法。我們不難看到身為兩個孩子母親的瑪莎，開心地用皺紋紙條黏上一個塑膠吸量管尖，做出像是雛菊的紙花。這些假花直徑有兩吋多，顏色有黃、紅、藍、綠、橘和紫，隨意放在一個棕色紙板上，彼此相隔六吋。

這時候，瑪莎已經搜集了馬兜鈴鳳蝶的幼蟲，並且培育出蝴蝶，牠們深藍尾部的翅膀上有紅和黃色的點。她把四十六隻蝴蝶一隻隻放進有假花的籠子裡。新出生、毫無經驗的馬兜鈴鳳蝶以前從沒看過花。瑪莎和同事們便觀察牠們的行為。很清楚的，多數都喜歡黃色，其次是藍色，而後是紫色。

接著瑪莎到馬纓丹叢。由於花叢與覓食蝴蝶隔絕，所有花朵都因而保有著花蜜，但是即便如此，花朵的顏色仍然隨著成長而改變，從黃到橘到紅。瑪莎摘掉所有中間階段，也就是摘掉了橘色的花，而將花叢操作成三種形態，並且用紙蕊把花蜜取走。其中一叢維持天然的形態，也就是黃花有花蜜、紅花裡沒有；另一叢恰恰相反，黃花沒有蜜、紅花有蜜；另一叢則是黃花、紅花都沒有蜜。

這時候瑪莎就可以享受有趣的部分了，她觀察這些沒有經驗的鳳蝶如何對待每個花叢，以及牠們從一種花叢被送到另一種花叢時如何反應。雖然蝴蝶本能地選了黃色，但在牠們知道有花蜜的是紅花以後，就會換到紅花上，這個過程大約要十次造訪。這種形態再次更改後，蝴蝶也會再次更改。牠們會調整、再調整。這件事更進一步證實研究人員之前一直在說的事：蝴蝶有頭腦，懂得適應。

在後來一項實驗中，瑪莎和同事帕帕亞用馬兜鈴葉的萃取物訓練馬兜鈴鳳蝶去找出綠、藍、黃或紅等色的關聯。馬兜鈴是這種鳳蝶產卵的植物。同樣這些蝴蝶再各自接受訓練，去熟悉有花蜜作為報酬的不同顏色。當牠們面前有一排紙花時，大多數蝴蝶都會飛到牠們受訓指定的顏色上，伸出針狀吻去探蜜，並且用前足敲打出聲或捲起腹部產卵。

從這裡我們知道馬兜鈴鳳蝶可以記住兩種不同內容顏色的意義，並且作出反應。

在一項更進一步的實驗中，帕帕亞和一名學生訓練雌蝶在紅花和藍花上產卵，並且保留牠們對於綠色的先天偏好。這三種不同顏色是鳳蝶必須理解的產卵訊號。這項成就十分了不起，因為鳳蝶的記憶無法和餵食活動或是產卵活動相連，非得在單一一項活動和兩種其他記憶的內容中整理出。

帕帕亞在研究蝴蝶的工作中發現蝴蝶有其各自不同的性格。「我不是在暗

馬兜鈴鳳蝶採花蜜

示牠們有什麼意識，」他急忙加上一句，「或是信口開河地推論說和人類存在有關聯。」

但是蝴蝶不是機器人，行動不會完全一致。在一些實驗中，帕帕亞將蝴蝶標上標籤，跟隨蝴蝶到田野中。他發現他可以認出某些「在飛行中」的蝴蝶，但不是因為牠們的標籤，而是因為牠們的行為。個別蝴蝶搜尋食物或寄主植物會有不同方式，會到不同地方去搜尋，搜尋的頻率也各自不同。

「最初或許會有基因上的差異，之後會有營養的差異，」帕帕亞說。「但除此之外，蝴蝶都學習到許多事情，牠們的寄主環境、捕食者的出現和類型、以牠們體型和重量而言如何飛得最好、棲息地結構等等。每隻蝴蝶對於各項的經驗都略有不同，因此任何一隻蝴蝶的經驗都是獨一無二的。」

如果我們全都辭了工作，現在就走出屋外觀察蝴蝶，我們會發現各種各樣的事。顯然，不僅只有馬兜鈴鳳蝶可以改變先天記憶中的設定，其他蝶種必定也同樣聰明。

甘藍粉蝶也能夠針對正確的報酬挑出正確的顏色，而且只要有一次經驗就夠。對於孔雀蛺蝶、淡黃粉蝶或姬紅蛺蝶，也沒有理由懷疑牠們不具有同樣的智慧。就這件事而言，綿羊麗蠅也有相同的智慧，牠可以將報酬和顏色加以關聯，速度和蜜蜂一樣快。

在不同的實驗中，甘藍粉蝶也學會更有效率地在風鈴草或車軸草這種複雜的花形中找到花蜜。第一次探蜜時，花了多達十秒的時間翻找，等到第四次探蜜時，蝴蝶已經能將時間縮短大半。

然而當一隻甘藍粉蝶必須改變花朵種類探蜜時，牠一時間會困窘狼狽，即使第二種花是這種蝴蝶熟知的。這種「干擾效果」或許會增強花朵所需的那種忠誠或堅貞，因為它們並不希望自己的外觀太容易被記住，又太容易被重溫。車軸草希望甘藍粉蝶有理由一直去探查牠們已經熟知的自己，而不要轉換到其他朵看來傻氣可笑的什麼風鈴草。

但是蝴蝶還是會轉變，而在這個過程中就喪失了效率。從一個花種移到另一個花種的弄蝶，處理時間增加不到一秒鐘。這重要嗎？當你一天要在幾百朵花中跳來跳去時，這幾百個不到一秒的時間加起來是很多呢？或者其實是少得不足以有何差別？

即使你的腦子比豌豆還小，只比罌粟子大一丁點，這還是值得考量的事。

在一個競爭的世界裡，我們不免猜想最聰明的蝴蝶是哪一種。多數人會指向長翅蝶屬，這是一種被研究得相當完整的熱帶蝴蝶群。牠的毛蟲主要以百香果蔓藤為食。這種蝴蝶有些又稱作長翅蝶，或郵差蝶（postmans，即紅帶毒蝶），因為牠們會定期造訪某一系列花朵。這種蝴蝶大多數都色彩鮮豔，還有一抹抹的橘色、紅色、黃色或藍色，這些是很明顯的「難吃」訊號。

長翅蝶可以活到蝴蝶的高齡，最長高達八個月。因為牠們作毛蟲的時間占整個生命長度的比例要比大多數蝴蝶群要低，牠們吃得比較少，體重也較輕。當成蟲從蛹中出來後，牠們仍然必須找到百分之八十的養分來製造卵子與產卵。或許就是這個原因，牠們的蒐食行為很複雜。牠們學會每天造訪植物的路線，而牠們也是少數吃花粉的蝴蝶之一。吃花粉就必須要處理針狀吻中的花粉粒，將它們混合、浸泡在唾液中，並捲動舌頭去撥動花粉，接著再喝下這豐富氨基酸的液體。相較其他種類蝴蝶，吃花粉的蝴蝶處理馬兜鈴花朵的速度比較快，探尋花朵時也更為徹底。

這一屬的蝴蝶記憶力很強。牠們記得自己喜歡的花朵、記得喜歡的棲息地點。牠們也會記仇，會避開幾天前某個科學家捕捉牠們的地點。

在某個實驗室裡，只有長翅蝶屬蝴蝶可以記得不要飛撞上日光燈泡。

牠們在SAT測驗上大約可以得到兩分。

和大多數科學家一樣，瑪莎會追蹤問題，而一個問題又引出另一個問題。她從研究為什麼花朵會改變顏色，轉到蝴蝶如何學習認得顏色，又轉到弄蝶幼蟲所做的樹叢蔽身處具有一致性，到弄蝶幼蟲彈出糞便的機制，到其他動物如何處理糞便。現在她致力於一個她稱之為「排泄生態學」的領域。

「毛蟲是很好的研究群，」她說，「因為牠們的糞便較無害。不過我也對觀察其他動物如何處理糞便也有興趣，例如鳥類。」

這和蝴蝶腦袋沒有關係，倒和人腦有密切關聯。

第六章 蝴蝶的藝術細胞

比起其他動物，蝴蝶看起來更像是在藝術學校設計出來的。

黑白條紋的斑馬長翅蝶像似我公公家沙發布面的圖案。

非洲大雙尾蝶的腹面翅膀，是巧克力棕色、白色、綠色的渦狀圖形，一排橘色、金屬藍色點，黃色扇形圖樣。就像美國知名民謠女歌手瓊拜雅所寫的歌詞：「一小片飛著的渦紋圖案。就像焚香與珠鍊。」

熱帶紅帶毒蝶的抽象藝術。黑脈粉蝶的裝飾藝術。豹斑蝶和新月斑翅蝶的花格領帶質感。魔爾浮蝶就像一扇彩繪玻璃窗。南方虎鳳蝶則像一幅馬戲團海報。

V字形、Z字形、淚珠形。

這些色彩和圖案看起來可不像天生的。

蝴蝶只有兩對翅膀，大白天四處拍動著，沒有尖牙沒有利爪，飛得也不快，牠們的肚子倒是現成的點心。

而身上的藝術圖案就是牠們的防身武器。

就像老式的三明治看板，在人體胸前與背後掛上的廣告牌一樣，蝴蝶也可以從兩面看。

當牠展開翅膀時，前翅和後翅形成背面圖案，蝴蝶曬太陽或是在空中飛翔時，你看到的就是這個。當翅膀闔起來時，前翅和後翅又會呈現一個腹面圖案，這是蝴蝶在樹葉上休息或是停下來喝花蜜時你所看到的。背面和腹面兩種圖案幾乎總是非常不同。

蝴蝶跟毛蟲、蛹一樣，身上的鮮豔顏色和簡單圖案是一種警告，令人容易記住。沒有經驗的冠藍鴉如果吃下帝王蝶，你會看到牠乾嘔、嘔吐、抽動腦袋、抖動羽毛、擦抹嘴巴、閉起眼睛，像在求告神明。

但是藝術不只是要人命的骷髏頭圖案。

藝術也可以是一件魔法外套。

熱帶木蛺蝶翅上的波紋和渦紋會混入樹皮上的波紋和渦紋中。身上有明暗不一斑塊的歐洲小黃豹蛺蝶在一座光影斑駁的林地裡消失身影。擬葉蝶保持某個姿勢就隱身了。有些擬葉蝶身上甚至還有白色斑塊，模擬穿透樹葉裂口照下的陽光。

藝術是欺騙。

藝術也可分散注意力。

蝴蝶翅膀上的色帶可以把捕食者的目光從牠們的頭部移開，轉移到比較不怕犧牲的尾部。通常條紋和曲線會終止在假頭的眼紋上，眼紋的圖案有時候抽象，有時候寫實。因此，小鳥會被吸引來啄這個假的「眼睛」，當它咬掉一點翅膀時，蝴蝶就逃脫了。就算翅膀被咬出大洞，通常也不會妨礙蝴蝶飛走，或是多活幾個小時，讓牠多一個交配的機會。

亮灰蝶還加上了「觸角」的假象圖案。綠小灰蝶在休息時會有一個最逼真的「假腦袋」，不但有眼紋，還有兩個「飾帶」，在微風中像觸角一樣飄動。

有些眼紋故意生得很大，還有瞳孔，和蝴蝶的複眼很不一樣。這種眼睛是脊椎動物的眼睛。貓眼。猛禽的眼睛。

孔雀蛺蝶在背面前翅上有兩個紫色、黑色、奶油色和紅色的眼紋，背面後翅上有兩個紫色、黑色、奶油色的眼紋，還有中間有細縫的瞳孔。面對捕食者，孔雀蛺蝶會張開翅膀展現這些圖案，並且摩擦前翅與後翅的翅脈，發出嘶嘶聲。

蛇眼。魔鬼的眼睛。

蝴蝶腹面的圖案也有偽裝、分散注意或是驚嚇的作用。姬紅蛺蝶展開的翅膀是純廣告：黑色、橘色、「**請三思**」。但是一旦牠棲息時，翅膀闔起來，腹面的棕色就很容易融入樹枝或是泥土的背景中。如果被發現，牠就會把前翅往前伸，露出一塊之前掩藏的橘色。這橘色會閃閃發亮。然後後翅又會把它藏起來。冠藍鴉嚇了一跳，於是牠的搜尋目標就模糊了。**我是要找一個有顏色的東西還是一個偽裝的東西？**

曾有一段很長的時間，生物學者認為蝴蝶的顏色是進化所致，為的是要讓兩性認出彼此。許多蝶種的雄性和雌性外觀不同，北方藍灰蝶的雄性是藍色，雌蝶是棕色。達爾文深信，雄蝶有著較為美麗的藍色，是因為在演化上由雌蝶的選擇而決定的，雌蝶喜歡鮮豔的顏色，雄蝶就讓自己光鮮亮麗，迎合佳人。

但是，許多雌蝶似乎並不太會分辨顏色。以黃粉蝶做的實驗中，研究人員將雄蝶翅膀染成綠色、紅色、藍色或橘色，雌蝶卻仍然認得出雄蝶，並且與之交配，這可能是氣味的關係。只有人類肉眼看不到顏色的紫外線光，其反射率在某些蝶種中似乎

雜色豹斑蝶

會影響雌蝶的反應。

然而，雄蝶的確也是利用顏色來找適當的伴侶。紋黃蝶的雄蝶會從空中撲下來，檢查紙做的假蝴蝶，尤其是塗上黃綠色、像是雌蝶腹面的假蝴蝶。其他蝶種的雄蝶也會追逐飄動的紅色髮帶或是突然出現的藍色洋裝。

不只如此，雄蝶還會利用顏色來避開彼此。對一隻紋黃蝶來說，會反射紫外線光的另一隻雄蝶的翅膀，是避之唯恐不及的。看到這麼醜陋的翅膀，就會避免雄紋黃蝶以及相關雄性蝶種的接近，例如黑緣黃紋粉蝶。這些雄蝶不想認識彼此，更不想浪費時間從空中衝下來，向另一隻雄蝶求偶。

藝術是溝通。藝術是可能發展性行為的照明彈。藝術是男生互相傳閱的一本粉味記事本。

鱗翅目這個字來自希臘文的 lepis（鱗片）和 pteron（翅膀）。蝴蝶的翅膀是由兩片扁平的薄膜緊貼而成，並由一個中空細管，或稱脈管的系統支撐。翅膀兩面都覆滿一排排層層交疊的鱗片。典型的鱗片是葉片狀，底部光滑、頂部隆起，鱗片有梗，可以安進翅膀表面的凹口。蝴蝶全身都有鱗片，包括頭、腹部、腳和胸部。鱗片是體毛演變而成，原本的一般用途或許是隔熱。

每個鱗片只有一種顏色，大型圖案是鱗片組成的鑲嵌畫。鱗片顏色可能來自鱗片的色素、鱗片的構造、鱗片層層相疊造成的效果，或是以上三種的結合。

鱗片的色素會反映出紅色、橘色和黃色，某些藍色、綠色和紫色。黑色素是最常見的色素，它們的分子會吸收光譜的大部分顏色，只顯露黑色或某些棕色色調。較暗的顏色可以「保存」更多光線，有助蝴蝶迅速讓身體增溫。在高山地區，蝴蝶多半是暗黑色，要不就是有暗色的花紋。

藝術是熱度。

鱗片的實體結構會使光線分散或產生繞射。甘藍粉蝶的蒼白是因為鱗片表面的波紋將光線四散所造成。改變鱗片的結構、加高鱗片脊部或是使脊部轉向、把鱗片內填滿方格形的水晶體或是填滿平均分布的層層薄片，都會造成不同的色彩和效果，比方說熱帶魔爾浮蝶的虹彩藍、馬兜鈴鳳蝶的緞面光澤、黃星綠小灰蝶的翠綠。

蝴蝶的調色盤在於一微米的移動，在於鱗片脊部的增高。

這些效果十分調和。虹彩藍的結構與紅色素結合成為金屬紫蘿蘭色。某些蝴蝶結構上的白色需要尿酸這種廢物產生一種乳色色調。珍珠白則有賴於層層交疊的鱗片。

我們喜歡蝴蝶，部分原因是我們很容易就能認識牠們。一萬八千種蝴蝶中，大多數都有獨一無二的翅膀圖案，有別於其他蝶種。弄一本指南、花上幾天，你就能一眼認出周遭地區主要的蝴蝶族群。這是一隻姬紅蛺蝶、這是一隻小豹斑蝶、這是一隻南方紋黃蝶。蝴蝶讓我們覺得自己很聰明。

蝴蝶讓我們覺得聰明，因為蝴蝶本身就有完善的組織。研究人員尼厚提醒我們，蝴蝶翅膀上的每個元素「不只是哺乳動物毛皮色彩中所見到的任意的點或條紋」，而是科學家稱作「蛺蝶平面圖」的一部分。這些斑點、色帶和邊緣的基本單位，其顏色、形狀和數目都會改變，但是它們在翅膀上的位置卻相當固定。

蝴蝶翅膀上的圖案，尼厚說，就像山貓、大象或是鯨魚的頭骨和四肢一樣，「一致且基本」。這些圖案顯示出多樣性，「可由數目不多的基本單位加以排列和重新組合，來表現這種多樣性。」

混合、配對、加加、減減。

藝術是一種數字遊戲。

弄一本指南，花個幾年時間，你還是會弄錯。蝴蝶的辨識一開頭容易，也使人誤以為容易。你自信滿滿，你大搖大擺，你喜歡自己說起話的聲音。

然後你又看了看。

同一種蝴蝶個別間自然會有些差異：稍微大一點點的眼紋、稍稍明亮一點的顏色。

同一蝶種的雄蝶與雌蝶很可能會有驚人的差異。

同一性別蝴蝶的基因型也是。北美大黃鳳蝶的雌蝶破蛹而出時會像雄蝶一樣有條紋，或是呈暗色，模擬難吃的馬兜鈴鳳蝶的暗藍色。黃色的北美大黃鳳蝶會生出黃色的女兒，黑色的北美大黃鳳蝶會生出黑色的女兒。

就算同一蝶種，個別的蝴蝶也會出現突變或是改變。天擇的壓力，就是環境中某樣東西或是某種狀況使某些個體死亡、某些個體存活，且成功繁殖下一代。而天擇的結果呢，使得整個種群或類群突變或改變，具備這種適應策略可以讓牠們成功存活。

同一種蝴蝶中，生活在不同分布區域內的蝴蝶在外觀上都會有所不同，並且產生不同的種群，或稱地理上的種族，各種族都更能適應環境。在英國，越往北邊，小環紋蛇目蝶顏色越淺，眼紋也越少。因此，在分布區域兩端的同一蝶種很可能會被混淆成為兩種蝶種。

在一年當中的不同時間，各蝶種也可能在同一地方繁殖出一代代不同的型。在春天孵化的蜘蛺蝶，看起來像豹斑蝶；晚一點、在夏天孵化的，比較像一字蝶。

在乾冷季節孵化的一種非洲蝶，腹面有小小的眼紋；但溼熱季節孵化的，眼紋比較大。在乾冷季節裡，蝴蝶大都不活潑，眼紋大會使牠們容易受到鳥類和蜥蜴的攻擊，所以圖案不明顯會是比較好的護身法。在溼熱季節，能分散捕食者注意力的眼紋或許比較好。

在這些蝶種中，不同的翅膀圖案取決於溫度，溫度是指在幼蟲成長或是成蟲在蛹內形成時的溫度。對這種非洲蝶來說，蛹比較冷時，眼紋就小；蛹比較熱時，眼紋就大。

為因應季節的改變，這些蝴蝶產下的子女，可以適應季節的改變，無法適應的就會滅絕。然而當科學家在一個恆溫的實驗室中養育這些蝴蝶，並以人工方式培育這兩種大小眼紋的世系，培育不到二十代，這些蝴蝶已失去發展出這兩種形態的能力。牠們變得較沒有彈性，不管氣溫有多熱或多冷，一個世系只會產生小眼紋，另一個世系只會產生大眼紋。

同一朵花上，一隻北美大黃鳳蝶是黑色，另一隻卻是黃色。斯堪地那維亞的黃斑蔭蝶要比北非的顏色淺。有一種蝴蝶在雨季會產下紅色蝴蝶，在乾季會產下藍色蝴蝶。有一種蝴蝶受到空氣污染而顏色變暗。一種蝴蝶會多一個眼紋另一種蝴蝶會少掉一個眼紋。

藝術是不斷與世界對話。

第七章　愛情故事

在歐洲某個地方，就說是法國吧，有一隻雄眼蝶看到一個喜歡的身形：一個近四方的長方形在空中輕躍飛舞。對這隻雄蝶來說，這個身形的顏色不是挺重要，不過如果它是紅色或灰色，牠的反應會更興奮一些。有時候這個身形是一隻雌眼蝶，這是一種棕灰色蝴蝶，翅膀的圖案讓牠在光禿的地面上也能掩藏得好。有時候這身形是一片樹葉或是隻大蜜蜂或是一張紙片。總之這隻眼蝶都會滿懷希望，熱情追逐。

如果追逐的目標不是一張糖果紙，又如果雌蝶也有意，牠就會飛下來。雄蝶會跟著，並且轉過身，面向雌蝶。雄蝶會顫抖，轉動牠的觸角，張開翅膀，像扇子一樣拍動，然後把觸角垂放地上，將身體弓起，形成一個「優雅鞠躬」的姿態，再用前翅罩住雌蝶的觸角。牠用一種科學家稱之為「情粉」的化學費洛蒙，灑在雌蝶觸角的受器上。

這時候雄蝶試圖用腹部去碰觸雌蝶，如果情粉發揮效用，雌蝶就會舉起翅膀，放鬆。（但如果雌蝶不想交配，牠會繃緊，並且快速拍動翅膀）雄蝶身上兩片稱作把握器的瓣膜會打開，露出性器，壓擠雌蝶的腹部，使牠的性器露出，容易進入。

雄蝶的性器放入雌蝶性器中只要幾秒鐘，交尾的時間差不多要一個小時。

在一條林間小道、在潮濕的山谷谷底、在河岸上，有隻北美大黃鳳蝶巡行飛舞。這隻雄蝶正在閒蕩，牠輕快飛過這一帶最好的花朵，但是牠最感興趣的卻是記憶中童年的樹木和矮叢，牠在毛蟲時期吃過的植物。而剛剛破蛹而出的雌蝶、找地方產卵的雌蝶，都很可能在附近。

一般而言，雄蝶若不是到處找尋伴侶，就是棲息某處等待伴侶上門。如果毛蟲容易找到寄主植物，雌蝶也就容易找到這些植物，那麼雄蝶就會四處走動，在這些植物中尋找伴侶，若寄主植物比較稀疏或是很少時，雄蝶就會建立一塊區域並且保護這裡，通常這裡會是一個醒目的約會地點，然後牠就靜候雌蝶來找。雄蝶也可能會保護一小塊地方或是花蜜來源。就如蝶種會適應不同的當地環境，個別不同的蝴蝶也會。

「聚集山頂」的蝴蝶例如香芹黑鳳

交尾的眼蝶

蝶，認為最高的地方最好，牠們會很有攻擊性地趕走同種的其他雄蝶。（多半在鳳蝶當中可以看到「聚集山頂」的行為，雄蝶和雌蝶會聚集在高山或高處，增加找到伴侶的機會）而領域性的蝴蝶通常會以螺旋式飛行的方式交戰，而要搶先飛到雌蝶面前，也是用這一招：當雄蝶在另一隻雄蝶下方時，牠會飛到上方，而另一隻被追趕過的雄蝶也重複這個型式，再飛竄到上方，於是這兩隻蝴蝶就這麼地飛下去再飛上來，下去上來，下去上來。有幾種蝴蝶會激烈拚鬥，有些搏鬥時還發出聲音，熱帶木蛺蝶會用翅膀發出大而嚇人的聲音。地主蝴蝶不見得總有優勢，當對方比較龐大、比較有經驗，或是比較有決心的話，牠也會棄守。

有些雄蝶會棲息在定點，終生守住一塊領域。有些雄蝶則會一直移動，一個下午在這裡，一個下午在那裡，歷經一連串的領域和戰役。

這隻北美大黃鳳蝶正在巡行，尋找那誘惑力十足的黃色閃光，也許黑色條紋也會讓牠心癢癢的，或是下翅的一排藍點，或是靠近尾巴的一抹紅色。雄蝶還必須提醒自己：有些雌蝶顏色很暗，以模仿難吃的馬兜鈴鳳蝶。偶爾雄蝶會認不出這些雌蝶而飛過去，為此而深感遺憾。

和所有雄性的北美大黃鳳蝶一樣，比雌蝶出蛹的時間早，早個幾天，使牠有時間確立最好的巡行方式、進食、吸水。吸水是北美大黃鳳蝶的一種活動：牠和其他雄蝶會聚集在一個濕地方，最好這裡有屎又有尿。牠們就像酒友一樣，聚在當地的酒吧，咕嚕咕嚕喝著礦物質和鹽，有時候還有氨基酸。如果土壤裡有養分，但是卻很乾，北美大黃鳳蝶會吐出液體，濕潤地面，再把水分吸回牠的吻管。如果牠真走了運，牠就會到潮濕的排泄物中或是哪個死掉的動物身上吸水、玩耍。

不過雄蝶主要還是在等待。

等待雌蝶。等待愛情。等待命運。

待雄蝶發現雌蝶，牠會拍動翅膀，雌蝶也會拍動翅膀，於是空氣中會有香甜的費洛蒙味道，就連人類剛好經過時，也會停下腳步聞一聞，再聞一聞。忍冬花？薰衣草？茉莉花？蝴蝶的費洛蒙早就和花朵的性感香味一起演化，（花朵也渴望性，因而以花蜜供蝴蝶取用，藉由牠們的傳播蜜粉，來完成受精繁殖）我們將這些香味據為己用也由來已久，我們做香水、做古龍水，用在我們的渴望上。

於是兩隻蝴蝶飛下來交尾。在交尾這件事上，雄鳳蝶有項有利之處：牠性器上的單眼對於光有反應。當牠和雌蝶位置擺對了的時候，感光細胞會被阻擋，牠就知道可以開始下一步了。

雄蝶會將精子送到一個厚袋子裡，袋子主要是由牠在毛蟲階段獲得的蛋白質構成，還有來自花蜜及吸水活動的養分。這袋子就是精莢，又稱精包，重可達雄蝶體重的百分之四到八。雌蝶就會用這個結婚禮物在牠找地方產卵時養活自己。在某些蝶種中，雌蝶會需要精莢內的蛋白質製造更多的卵。

這份禮物越大越好。禮物越大，雌蝶等待再次交配的時間就越久，在被另一隻雄蝶的精子取代前用掉的機會就越大。在蝴蝶身上，時間最近的精子享有優先，後來者先。

精莢是雄蝶為人父的主要投資。有些蝴蝶為子女做的還要更多。雄的甘藍粉蝶會傳給雌蝶一種化學物質，讓輸卵管中移動的卵裹上一層。這種費洛蒙會向其他雌蝶發出訊號：不要在附近產卵，這個食物是給這隻雄蝶的幼蟲吃的。

雄北美大黃鳳蝶抽開身體。牠的第二份禮物是留在雌蝶體內的一個小小栓子。牠想阻止雌蝶再去交配。許多蝶種都會使用這種交尾栓，大小和效果各異。栓子最後不是弄丟就是弄破，還有人認為雌鳳蝶能夠自己摘掉這個栓子。

褐斑蝶與帝王蝶和美洲黑條樺斑蝶外觀相似，三種蝴蝶都有橘黑兩色的警告色。共同的擬態會強化「這三種蝴蝶都不好吃」的印象。一隻鳥咬了一口難吃的帝王蝶，就會想起牠看過難吃的美洲黑條樺斑蝶或是褐斑蝶的經驗。這種相似的擬態，有助於褐斑蝶活命，但是外觀上而言，雄蝶要找到適合的雌蝶就比較困難了。在運用擬態保護自己的蝶種中，交配時的化學訊號就變得更重要、也更複雜。除了適當的性別和種類，這些訊號也傳遞了年齡、健康狀況和交配史。

徵友廣告第二十四則：男徵女，二十三～三十五，無寵物，沒有寄生蟲，無怪癖，必須喜歡小孩及花蜜。

雄褐斑蝶先從增添行頭開始。要配備香水，牠需要含有生物鹼的植物枯葉中的成分。褐斑蝶會從體內吐出汁液在枯死的葉子上，再把現已含有生物鹼的液體喝下，生物鹼是在植物組織分解時所釋放的。開始這個過程時，蝴蝶會去刮壞未受損的植物。在實驗室裡不肯去找這些植物的雄蝶，想交配就有問題。在野生狀態中可以發現成群的褐斑蝶和帝王蝶彼此推擠，要在有枯葉的斷枝上搶個好位置。

某些蝶種會吸收植物中的生物鹼，成蝶還會用來變成毒蝶，或讓捕食者覺得難吃。不過褐斑蝶和帝王蝶主要靠的是另一種毒素，就是在乳草中發現的心臟毒素，或稱卡烯內酯。對褐斑蝶而言，雄蝶運用有毒的生物鹼幫助合成吸引雌蝶的費洛蒙。雄蝶將這種費洛蒙存在後翅一個很方便的腺體裡。

褐斑蝶的雄蝶還有像刷子一樣的器官，稱為束毛腺，藏在腹部。雄蝶看到一隻雌蝶，就會把束毛腺插進後翅的腺體中，收集牠自己的氣味。這時候牠在雌蝶的下方和前方飛舞，展開牠的束毛腺，把粉撲在雌蝶身上。雄蝶攝取生物鹼越多，聞起來越棒，牠發出的訊號似乎也越強：我身體好、我能力強，我有一份很大的結婚禮物要給你。

雄蝶的化學花束包括一種飛行抑制劑，和一種黏膠，可讓粉停留在雌蝶觸角上。在空中被求偶的雌蝶會飛降下來，而雄蝶用束毛腺撲粉的動作也持續著。如果雌蝶同意，就會闔起翅膀，讓雄蝶接近牠的腹部。雄蝶依偎過去，碰觸雌蝶的觸角，兩隻蝴蝶交尾。

雌蝶不同意就會拍動翅膀。這時雄蝶會試圖一再飛降到牠身上，並且把雌蝶逼回空中，然後雄蝶會重複整個過程。這種再次的嘗試可能成功，也可能不成功。

兩隻蝴蝶的性器接合時，雄蝶會飛上空中，載著雌蝶來一趟新婚飛行。牠們可能在一起長達八小時之久，而雄蝶會喜歡一個比較隱密的地方。（在某些蝶種中，雌蝶體型比較大，所以是牠載著雄蝶，有時候交配完成後，雌蝶會先飛走，讓伴侶吊在空中，希望把牠甩掉。）

在交尾時，雄蝶會把精莢——也就是精子和結婚禮物——也給了雌蝶，精莢包含牠之前從植物那兒收集的生物鹼。雌蝶也許會運用這些化學物質增加牠的毒性，或許也把它傳給牠的卵，保護牠們。

雌褐斑蝶一生交配可達十五次，牠會產下許多批由不同雄蝶受精的卵。讓雄蝶收集生物鹼吧，雌蝶的工作夠多了。

帝王蝶的故事沒有那麼英勇。雄蝶的束毛腺非常小，缺少吸引雌蝶所需的香味。帝王蝶通常是在一起過冬的大型聚落當中交配，這裡有許多雌蝶，因此和不同蝶種交配的風險不大。但是帝王蝶並不求偶，而是從空中俯衝，落在雌蝶身上，把牠逼到地上，然後用觸角去碰牠，牠默許了，於是雄蝶帶著雌蝶飛到空中。

蜜麗安形容帝王蝶是個惡棍兼「沙豬男的首要惡例」。你可以看到帝王蝶在忙著交配的日子裡還會喝大量的露水，牠們的精莢會含高達百分之九十的水分，重達雄蝶重量的百分之十。精莢越大、越濕，雌蝶抗拒再次交配的時間就越久。

徵友廣告第一八九則：男，強而有力，女性年齡不拘，但須扮演弱者，必須喜歡飛行。

要做愛，不要作戰（六〇年代越戰時期反戰的美國年輕人喊出的口號）。有時候這兩者是同一件事。對大多數蝴蝶來說，雌蝶可以將腹部抬成某種表示拒絕的姿勢，而能夠抵制外物進入性器，避免被強暴。不過強暴在某些蝶種中並不稀奇，在其他種類中更是常態。

毒蝶屬的斑馬長翅蝶雄蝶會監視百香果樹藤，毛蟲在這種樹藤上化成蛹。這些雄蝶嗅得出雌蛹，會定期去探視牠們，占好位置，等待年輕的雌蝶破蛹而出。

或者在牠破蛹而出之前。

這些蝴蝶會彼此競爭，要第一個刺破蛹殼，伸入性器。較大的雄蝶會在蛹上面占據一個位置，其他雄蝶則會在空中打轉，伺機降下。在某些毒蝶中，雌蝶只交配這一次，其他種類的雌蝶還會再交配。有時候雌蝶會在被強暴時受傷而死掉。

蛹期交配可能是在數目稀少的蝴蝶種群中演變而來，巡行的雄蝶拚命要找到沒有交配的雌蝶，如果某位仁兄找到一個蛹，並且守候在旁，牠的機會就會增加，因此，若要再搶得先機，就演變成蛹期交配。有些雄毒蝶也會和蝶種不同但有些關係的蛹交配，這種種間交配會害死雌蝶，也可能會使得雄蝶群聚寄主植物競爭交配的情況趨緩。

太陽神絹蝶也拋開了優雅，雄蝶會抓住飛行中或是在地上的雌蝶，當雌蝶躲在草裡時，雄蝶靠嗅覺找出處女蝶。這些雌蝶的性器在外部，容易靠強力進入。交尾以後，雄蝶會分泌一種稱作封瓣的東西，並且將它黏在雌蝶腹部。這是一種比小小的體內交尾栓更嚴格、更複雜的裝置。這個貞操帶是要用一輩子的。帶著它跑來跑去是沉重的負擔，又重、又笨、又妨礙產卵。大概只有百分之一的蝶種會採用這種極端的方法。

太陽神絹蝶的雄蝶除了要抓處女蝶，也會想抓交尾過的雌蝶。交尾過的年輕雌蝶會試圖飛走，萬一逃不走，也會拚命掙扎。年紀比較大的雌蝶比較順從，會一動不動地等著雄蝶企圖除去牠的封瓣。許多雌蝶腹部都有傷痕，那是雄蝶針一般尖銳的陰莖滑開割到的。

在幾乎所有的太陽神絹蝶中，封瓣都是一個膨脹而中空的器官，太大又太滑，無法抓住。在有些蝶種中，封瓣還會有一種繞著身體的腰帶，腰帶上有兩個像角一樣的彎曲突出物。想移除封瓣的嘗試，多半都不成功，不過偶爾也會有一隻雄蝶能夠把這個結構撬開。如果是養分與來源都將用盡的年老雄蝶製造的有缺陷的封瓣，或是一個才剛製造尚未變硬的封瓣，都可以移除。在一項實驗中，觀察中的雌太陽神絹蝶中有百分之五再度受精。

封瓣這個貞操帶和精莢這份結婚禮物，都是直接來自雄蝶身體的資源。會製造封瓣的雄性蝶種不太會製造精莢，因為牠們不再需要，因為這種雌蝶不再能移動腹部或控制內部構造來拒絕雄蝶。從雄蝶眼光來看，求偶和結婚禮物已經變得不必要了。

雌蝶怎麼會讓這種事情發生？或者該問的是：為什麼生物演化會偏向有外部性器而容易被強暴、又會被「鎖住」不准再次交配的雌蝶？

大體而言，雌蝶希望能夠再次交配，如此牠們可以收到更多的結婚禮物，也為卵得到更多資源。牠們可以替換掉衰敗的精子，或許可以找到更好的基因捐贈者，最起碼牠們會有一批基因捐贈者，使其後代的多樣性更廣，能夠適應一個經常改變的環境。交配是件累人、有時候會要了自己命的事，但是為了卵、為了孩子的成功、為了基因世系能長長久久，雌蝶還是會再次交配。

大體而言，雄蝶不希望雌蝶再去交配，因為新的精子會搶先牠們自己的精子。為了阻止雌蝶再去交配，雄蝶就會演化出更有效的交尾栓，或是獻出更大的精莢，或是兩者並行。運用封瓣的蝶種似乎源自曾經製造出大精莢和有效交尾栓的蝶種，但在彼此競爭下，雄蝶卻發展出除去這個栓子的方法。雌蝶的因應之道或許就是長出外性器，如此就比較難拴住，而對其他雄蝶而言容易除去栓子。

雄蝶對這種發展的對策或許就是封瓣，這種結構變得日益複雜耐久。對於其他雄蝶拋出的挑戰，雄蝶的回應是演化出一套工具，可以幫助牠們卸下一個有缺陷或是不完整的封瓣。這類雄蝶的性器包括可以撬起東西的螺旋鑽、銳利的尖端和大鉗子。不求愛而用蠻力攫獲雌蝶方式的蝶種，可能會有一個增大的爪子，用來抓雌蝶。因此，雌、雄蝶大都演化出具有格外堅韌的翅膀薄膜，這樣更能適應交尾爭鬥造成的耗損。

簡而言之，交尾栓促使雌蝶性器外部化，雖可增加再度交配的機會，卻也引起一系列雄蝶的反應，最後就是強迫交尾和封瓣。

至少這是澳洲昆士蘭葛里菲斯大學的歐爾設想的一個可信情況。

我很高興有人能夠解釋。

「生命中有一段時間，」歐爾坦言，「蝴蝶提供我所要的一切，那些可能在藝術、文學、宗教和浪漫愛情中尋找的東西。蝴蝶有其優雅的姿態，有其生命的目的，牠們的名稱裡自有文學，聽起來就很氣派的，有如神話中描述英雄事跡的希臘對句：三色帶蛺蝶！珠帶裙蝶！」

歐爾最迷戀蝴蝶的時期，是介於十二歲和十四歲之間。即使在今天，他仍然極力想要表達這種關係的力量：「純粹的美！」他解釋，「尤其對一個科學家而言，有一個如此明顯、如此真實的東西，卻無法用言語定義，這是很惱人的事。」

許多詩人也有同樣的感覺。

歐爾開始研究封瓣是以澳洲透翅鳳蝶為對象。有紅、白、黑圖案的雄蝶體型比雌蝶巨大，交尾時十分暴烈。而雌蝶的顏色若是褪了色的油棕色，可能有助於交尾過的雌蝶躲開雄蝶。雌蝶也會抬起腹部，露出封瓣，以表示拒絕交尾，雄蝶就會評估若要費力破壞封瓣值不值得。

在兩性戰爭、在性的武器競賽中，總是會有奇招出現。有一種非洲蝴蝶，雌蝶為了對治封瓣，而發展出一根深入體內的長管子，如此一來，雄蝶分泌出要製造封瓣的物質時，就反而被注入這根體內管子裡，無法有效阻礙之後的交配了。

在有些蝶種中，雌蝶還會「幫助」雄蝶：牠們會演化出鉤子和肉突，使得體內的小小交尾栓固定在位置上，使雄蝶將分泌的物質送進很大的精莢中。

「兩性衝突很難預測，」歐爾說。「雌蝶的一個動作有可能要用好多個雄蝶的動作去因應，反之亦然。就是這種潛在的不平衡偶爾會導致『失控的演化』，因而產生有些極端或是怪異的結果，例如封瓣。有時候，我們可以看到封瓣或是交尾栓初期的演化。對雌性或雄性有利的平衡，也許只要一點點小事就會改變。」

封瓣的一項後果就是雌蝶得不到結婚禮物。而雌蝶獲得的資源少了，意謂生育成功率就可能減低了。這或許就是何以其他百分之九十九的蝶種都演化出其他策略的原因。

兩隻尖脈粉蝶的交尾可以持續達二十小時之久，在這段時間裡，雄蝶會傳送一種抗催情的化學物，之後雌蝶會用這個來趕走那些不請自來的追求者。尖脈粉蝶會很有攻擊性，如果雌蝶才剛交尾，牠會喜歡在接下來的二十個小時中吸花蜜、產下受精卵，而不是讓新的卵受精。況且牠還有份好大的結婚禮物要慢慢消化呢。

雄蝶製造的化學驅逐劑似乎頗有效，就連處女蝶被塗上這種東西都會變得討人厭。終於，等到這抗情粉消耗盡淨，雌尖脈粉蝶就準備好再次接受求偶了。

在幾天內，雌雄兩隻蝴蝶是有共同利益的。

在蝴蝶的世界裡，這也算是另一種愛情故事了。

第八章 單親媽媽

你身軀沉重，身體裡面都是卵，你的腹部把你往地面拖。

你有絕佳的視力，你也相當自豪：你那了不起的複眼是由成百上千隻較小的眼睛組成，這些眼睛都各自有水晶體。你可以同時向上、向下、向前、向後看；你可以看到所有的顏色——紅、橙、黃、綠、藍、紫，加上紫外線，加上所有和紫外線混合的顏色：紫色和紫外線、藍色和紫外線、綠色和紫外線。你不太容易調整觀看的距離，也不容易看清詳細的圖案和形狀，不過你知道、也認得兩種很重要的形狀：你知道德州煙斗藤寬闊的橢圓形樹葉，還有維吉尼亞蕁麻葉澤蘭細窄的草狀葉。

在你居住的東德州松樹林裡，你搜索這些四處蔓延的多年生野草。德州煙斗藤和維吉尼亞蕁麻葉澤蘭都會開紫棕色、氣味難聞的小花，這樣更能吸引蒼蠅和吃腐肉的埋葬蟲。這兩種植物都是你幼蟲的寄主植物，牠們吃樹葉，吸收馬兜鈴酸，讓鳥類討厭吃牠們。你緩緩飛在青草、矮叢上，尋找你最喜歡的樹葉形狀。

今天你喜歡橢圓闊葉。上次你產卵，用的是一片橢圓闊葉，而此刻你也只想得到橢圓闊葉，它們是你的根深柢固的喜好。

事實上，現在是三月，你才剛開始要產卵，而德州煙斗藤的橢圓闊葉要比維吉尼亞蕁麻葉澤蘭的細窄葉子數量豐富。等到這個季節晚一點，你就會換到不同的形狀了。你願意改換是好事，因為煙斗藤的闊葉會越長越粗硬，難以消化，含氮量也少，你的幼蟲住在這種植物上會挨餓。而維吉尼亞蕁麻葉澤蘭卻總是鮮嫩，即使是在五月。

如果你能夠愛，你會非常愛你的幼蟲，用你那長形、糾結的小小心臟、用你那種子大小的頭腦裡的所有本能去愛。同時，你那些特別的毛蟲也不是世界上最容易照料的幼蟲。這不是牠們的錯，你不怪牠們。

你怪寄主植物，它們太小了，而你那些幼蟲，就像狼吞虎嚥的進食機器，會把它們吃光光，然後吃另一株。有時候一隻幼蟲在成蛹以前，必須找到並且吃掉五十株植物。而第一株植物，也就是你現在尋找的植物，是最重要的一株。你的幼蟲離開這株植物時體型越大，活命的機會就越大。

你飛在青草和灌木叢之上，很有耐心地尋找你最喜歡的葉形，並且用你的觸角、用你的頭頂、用你部分的翅膀去聞你的寄主植物。一次又一次，你總是落在一片橢圓闊葉上。你用腳輕敲著葉片。

對於你的腳，你也很自豪。腳上有味覺器官，能夠迅速對準糖分，像個小三學生一樣。當你的腳嚐到甜的東西，你就會放低吻管，準備進食。

你用前腳敲打一片葉子的時候，你是在探測寄主植物裡的化學物質。因為你是雌蝶，所以你的前腳被設計成可以支撐一再的強力撞擊。每隻前腳上都有一束看起來像是小牙刷的感覺毛，你前腳腳尖的棘狀突起也可能會刺穿樹葉的外皮，讓汁液和氣味流到這些毛上。

你敲打葉片，半秒鐘不到，你就知道這片橢圓闊葉不對，不是德州煙斗藤，是別種植物。你並不驚訝。這種事常會發生。你把生命中大部分時間都花在不對的樹葉上。

你飛走。你落在葉片上。你敲打葉片。

你飛走。你落在葉片上。你敲打葉片。

你不斷敲打著葉片。

對了。是了，這味道對了。這個聞起來沒錯。這就是你幼蟲的寄主植物。

你停止敲打，四下看了看，你在尋找卵。如果一株植物上有太多毛蟲，幼蟲的食物就會不夠，牠們就可能開始互吃。

你看到了：四團有點紅的棕色突起。在幾個小時內，就會有小小的紫色、棕色毛蟲從這些突起中鑽出來。牠們會吃掉外殼，然後開始找到什麼就吃什麼，成群進食，一直到長大一點。

你厭惡地飛走了。

你落在葉片上。你敲打葉片。你飛走。你落在葉片上。你敲打葉片。你飛走。你落在葉片上。你敲打葉片。

你不斷敲打著葉片。你停下動作。你尋找有點紅色的棕色突起。這一次是一個也沒有了。這株植物太完美了。

你又飛走了。

你是一隻馬兜鈴鳳蝶，關於你最終決定要產卵的原因和時間，至今仍然是個謎。

你在日本有個親戚，是另一種鳳蝶，牠會以某個時段可以停落在多少數目的植物，來測定寄主植物的密度，牠每批產卵數量就依此資訊而有所不同。如果一個地區有許多寄主植物，牠就產下很多卵；寄主植物不多，產的卵就少。

也許你就是這種做法，也許你不是。

總之，你不慌不忙，想要好好挑一挑，你還挺沾沾自喜的。你知道弄蝶產卵很隨便，讓卵掉到植物四周。你還聽說白陰蝶和小紋蛇目蝶一邊飛一邊在空中撒下牠們的卵呢！

但你並不自認是完美的母親。比方說，你的幼蟲在陰涼的棲息地要比在有陽光的棲息地活得好，可是你仍然要尋找陽光下的寄主植物，還在那裡產卵。這樣你就可以避免被圓蛛吃掉。此外，你也需要熱度讓你的飛行肌肉達到適當的溫度，需要熱來產生能量，以利尋找、飛行及敲打葉片。要是在另一種氣候，你說不定還會更擔心黴菌感染會殺死卵。況且你對任何太潮濕或太陰沉的地方都敬謝不敏。

你不時會停止搜尋，吸一朵花的花蜜。你會被粉紅色和紫色所吸引，你會張開翅膀曬太陽，讓翅膀把身體下方和四周的熱氣發散到空氣中。你會避開或是拒絕想要交配的雄蝶。

你飛走。你落在葉片上。你敲打葉片。你飛走。你落在葉片上。你敲打葉片。終於，在一株沒有其他卵的德州煙斗藤上，你拋開小心謹慎。「該來的就會來。」你不耐地哼著這首歌。

你身軀沉重，身體裝滿了卵，你已經準備要放下這個負擔。

你對著葉片彎起腹部，對好產卵器的位置。產卵器是一根管子的圓端，卵在這個管子裡通行，一次一個，並與你精莢裡的精子結合而受精。你的產卵器有味覺及感覺毛，會對地點再作一次評估。它也可能具有單眼，能夠進一步指引你。

你像一個汽車駕駛，要把車從一個狹窄地方倒出來。你也像一個飛行員，要將飛機降落在軍艦上。小心。小心。往這裡。往這裡。下來。把它放下來。

你還要作一個重要決定。你通常產下兩個到五個卵，如果這株植物有很多樹葉，如果它看起來年輕又健康，你就會產下多一點的卵。如果你有好長一段時間沒有產卵，如果你感受到一種不自在的迫切感，你也可能產下比較多的卵。

你決定產三個卵，於是你分泌一種膠質，把它們黏在一片葉子的背面，這些花了你大概一分鐘的時間。然後你就飛走了，你不會回頭看。你盡了你的職責。在你死掉以前，你會產下幾百個卵。這些卵如果能夠活下來，而它們活下來的數目有多少，主要要看你替它們選的地點了。

地點的選擇顧慮到你自己的需要以及時間壓力，你已經很盡力了。

這不是件容易的事。

你沒有抱怨。

你也不指望任何人的感激。

馬兜鈴鳳蝶產卵

第九章 大遷移

一九二一年九月底，一連十八天的每時每刻，估計共有兩千五百萬隻天狗蝶從德州聖馬可斯往南飛越一段長兩百四十八哩的海岸，到達里約格蘭德河。大約有六十億昆蟲受到這趟飛行的影響。

天狗蝶在頭前方有一條附肢，成蝶和樹枝平行憩息時，闔起來的翅膀看似一片樹葉，而牠伸出來的「鼻子」，因為有一點翹，看起來就像是葉梗。德州天狗蝶的上翅膀是棕色或橙棕色，上頭有白點。

活像童話故事裡鼻子變長的小木偶。

德州大學奧斯汀分校的昆蟲學者吉伯特藉地利之便，在一九七八年五月作了以下的觀察與分析：

德州南部一場從冬到夏的乾旱，使得以天狗蝶幼蟲為食的類寄生黃蜂死亡大半。而五、六月充分的降雨，使得蝴蝶在其後兩三世代的數目暴增。到了七月，熱帶暴風阿美利亞帶來更多雨水，使得幼蟲的寄主植物、原已荒蕪的朴樹生長茂盛，天狗蝶的黃點綠色毛蟲也隨之大量生長。毛蟲吃光寄主植物的葉子化成蛹，約有五億隻蝴蝶破蛹而出，於是天狗蝶開始遷徙。

當這個世界對蝴蝶太好時，這種事就會發生。

大多數遷移的蝴蝶都是年輕雄蝶。雌天狗蝶一出蛹就交配了，但是年紀大的雄蝶早就守在原地的每個蛹旁邊，年輕的雄蝶只得離去，希望在別處找到尚未交尾也到得了手的雌蝶。

有些雌蝶也加入遷移的陣容，要尋找比較好的地方產卵。不過大多數還是待在原地，善加利用受損朴樹的戲劇化反應——像是春天到了一樣，長出大量新生葉芽。過後，當卵孵化、幼蟲開始吃這些樹葉時，朴樹會大量死亡，這是為了避免日後天狗蝶數量暴增。

在這個時候，同時有上百萬的天狗蝶布滿天空，那長長的鼻子伸向風中。牠們會塞住汽車散熱器、毀掉洗曬的衣服。牠們飛過頭頂，像是一條泥濘的空中河流。

當吉伯特還是德州南部一個男孩時，也看過在乾旱後的夏季大雨之後有大批天狗蝶成群飛過，成千上百地聚集在祖母院子裡過熟的棗子上。這些遷移和一陣綠葉、花朵及其他昆蟲的暴增是同時的。「到處都是生命的聲音和香味，」他回憶道，「而才幾天前，那裡一切都還是酷熱、乾燥和荒涼。」

一九七七年，吉伯特進入一處大型的自然生態保護區，因而找出一道「蝴蝶河」的源頭，就在通過公路的幾哩外之處。只見成千上萬隻綠色和黃褐色的蛹，掛在葉子已經光禿荒蕪的朴樹上。空氣的熱浪中，閃動著童年和餘生之間的聯繫，時間的物理學再一次被證明是異類了。

「我承認我不相信時間，」納布可夫在自傳裡寫道：

用完地毯之後，我喜歡把它捲起來，讓圖案的一部分放在另一部分之上。就讓客人絆倒吧。在一個隨意的景色中，當我感受到彷彿時間消失般的永恆極致喜悅時，就是當我站在罕見的蝴蝶和牠們進食的植物當中時。這狂喜，而在這種狂喜的背後，還有別種東西，很難解釋，有點像是暫時的真空，而我所有喜愛的東西都衝進去。是一種與太陽和石頭合為一的感覺。

「你可以想像當時我有多開心，」吉伯特輕描淡寫、謙虛地說，「滿足了我對於天狗蝶遷徙原因和飛行棲地的好奇心。」

遷移的蝴蝶有可能個別出發或成雙成對上路，也可能三五成群或大批行動。大多數規律的遷移者都住在季節差異大的地區，例如夏冬溫差或乾濕變異過大的地區。牠們只遵循一種季節型態。少數幾種蝴蝶則遵循植被、寄主植物和花蜜植物，而在山間上上下下。還有一些遷移，例如天狗蝶的遷徙則會不規則發生，這是由於蝴蝶數目暴增、過度擁擠和競爭造成。

人類會留意到蝴蝶的遷徙，多半是因為牠們全數出動。大量的數目才會引起我們的注意。我們喜歡數量豐富。五億。六十億。我們喜歡震驚，喜歡那種舊石器時代的刺激（但並不危險）：身為人類卻置身在一個人類作不了主的世界中。

姬紅蛺蝶是全世界最常見也最多的蝴蝶，牠們無法活在酷寒的地方，所以常在冬季往南方遷移，到了春夏再飛回北方。牠們的數目估計都在數十億左右，從非洲到芬蘭，從墨西哥到加拿大。一八七九年夏天，姬紅蛺蝶穿越歐洲的遷移，規模大到被稱作一場侵略，是大自然奇特的軍事行動之一。

幾年後，一名探險者在蘇丹境內的紅海岸草地上，記錄了一場姬紅蛺蝶遷移的開始情形：

從我的駱駝上，我注意到整片草地似乎都在劇烈騷動，但這時並沒有風。下了駱駝，我才發現這些騷動是由姬紅蛺蝶蛹的扭動所引起。這些蛹數量多到幾乎每一片草葉上都有一隻。這種蠕動的效果至為奇特，好像每根草莖都被單獨搖晃著，事實也正是如此。很快地，這些蛹就爆開，流出紅色液體，像是下著血雨。無數癱軟而無助的蝴蝶撒滿地面。不久後，陽光照下來，這些蝴蝶就開始曬牠們的翅膀。約在第一隻蝴蝶出生後半個小時，這整群的蝴蝶像一片濃密的雲一般升起，往東朝著海面飛去。

姬紅蛺蝶的幼蟲也會遷移。一九四七年，在沙烏地阿拉伯的沙漠裡，一名研究人員觀察到一批這種毛蟲和沙漠蚱蜢的年幼蚱蜢一起前進，同時吃掉新生的春天花草。一九九一年的加州，由於特別適合蝴蝶卵的發育，促成另一場遷徙行動，讓昆蟲學者可以在一旁觀察。不到五月底，飢餓和過度擁擠的幼蟲已經開始爬成一直線，尋找食物。和單獨養大的毛蟲相較，牠們表現出較強的活動力、緊張、同類相殘和同時化蛹的現象。破蛹羽化的成蝶也比較活潑，喜愛群居，性器官未曾發育，還有大量儲存的脂肪，但是牠們並不交配，反而往北飛去。

有可能是食物欠缺和過度擁擠改變了姬紅蛺蝶幼蟲的行為和生物性，使牠們發育成很快遷移的成蝶。當遷移的成蝶開始吃東西，荷爾蒙量升高，才會繁殖。這些姬紅蛺蝶北飛之後的世代，或許會經歷寒冷的氣候，屆時牠們也將會遷移。

在北飛前的姬紅蛺蝶，是數量引起遷移；在北飛後的世代，溫度將是促使遷徙的原因。

往南飛的姬紅蛺蝶

我們觀賞奇景。我們享受豐盛的數量。我們耽溺在比喻中。我們要千萬大軍和片片雲朵。我們要像雪花一般的白粉蝶、像奶油爆米花的黃粉蝶。我自己的貪念似乎非常明顯。我的雙眼發亮。十億隻天狗蝶。六十億！

然而吾生也晚，大自然裡的過剩現象我看得並不多。旅鴿一度遮蔽了整片天空、成群的美洲馴鹿布滿地平線、鮭魚群密密麻麻到你可以踩在魚身上過河。二十一世紀卻不是這樣的。我們用不同的標準衡量自己的財富。

我目睹過三件事情：

新墨西哥州中部的阿帕契森林是候鳥的飛行路線，這些水鳥每年冬天都會到臨。當太陽升起，成千上萬隻水鳥會從人工湖湖面飛起，動作像是事先演練過，迴旋鳴叫、發出各種啼叫聲，而後前往附近的田野覓食。我有一張我九歲女兒望著這一幕景色的照片。地平線是粉紅色，她的辮子後來再也沒有這麼長過。天空是一張地圖，上頭布滿一點點的鴨、鵝、大鸍、鶴和燕鷗。

流過我在新墨西哥州家旁邊的河，一到夏天就會乾涸。結婚之初，生小孩之前的幾年，有一次我和丈夫眼睜睜看著一個大水池每個小時都在縮小。池水裡有大量蝌蚪等著在池水蒸發後死亡。這些動物在一張由動物肉構成的毯子裡彼此推擠。我和丈夫看得著了迷，至今我還記得。當你無法動彈時就會如此。

我也記得帝王蝶，牠們每年秋天都會在近太平洋岸的尤加利樹林裡打盹。在一條泥土路上，我妹妹拿著一件外套追著外甥女，因為當時很冷、冷得驚人。只見那些有薄荷腦的樹木顫動著，原來上面蓋滿了蝴蝶。我們抬頭看。我們輕聲細語說著話。這裡是帝王蝶的教堂。

而每一次我都感覺富足，莫名地精神一振。

帝王蝶是最出名的遷移昆蟲。加拿大和美國北部數百萬這種蝴蝶會飛越兩千哩的距離，到墨西哥的山裡過冬。到了春天，同樣這批蝴蝶又開始北返。（約有百分之五的帝王蝶生活在美洲大陸分水嶺的西邊，牠們會飛到太平洋海岸。）

和姬紅蛺蝶一樣，帝王蝶也無法生活在冷熱極端的氣候裡。飛向墨西哥的帝王蝶要花幾個月的時間抵達棲地，這裡溫度通常在冰點以上，不過仍然夠冷，可以維持較低的新陳代謝及能量需求，進行半冬眠。這地方有樹木，牠們可以聚集其上，讓牠們得到保護，不受風雪的侵害，附近還有水。在暖和的日子裡，牠們還可以醒來、飛一點距離、喝一點水，再回去昏睡，緊抓著樅樹枝和彼此。

三月時，牠們睡醒了。牠們感覺到交配的衝動，於是飛下山，朝北方和東方飛去，一邊留意乳草植物。在牠們尚未死亡前，雌蝶會產卵，再次移居群聚於美國南部。而後再孵出的世代會繼續往北方飛，交配、產卵，在大約一個月內死亡。下一個世代會做同樣的事，再下一個世代也一樣，直到帝王蝶和乳草都能生存的最北邊。

到了夏末，世界再度染上了帝王蝶的色彩。橘色、黑色的翅膀讓人開懷，昆蟲學者笑的時候多了，孩童也快活多了。

現在，將在夏末或初秋化蛹、破蛹的帝王蝶，會與之前世代的帝王蝶不同。在幼蟲和蛹身上，白晝短和溫度低引發了荷爾蒙的改變，成年的雄蝶和雌蝶性器官並未成熟。一出現冷天氣的徵狀，牠們就一起騷動，這是一陣因慾望而產生的顫抖，於是牠們開始往南遷徙，前往一個牠們從不知道的土地。

這些蝴蝶有出奇長的生命期，可以長達九個月。這段時間牠們可以飛到過冬的地方、在睡夢中過一冬、在春天交尾，再展開往北的旅程。不同於牠們的父母親，牠們不是單獨行動，在急忙趕往南方時，牠們挨擠在一起，夜裡棲息。白天牠們像雲朵一樣密集著飛行，高可到一千呎，速度快到可以飛五十哩。牠們邊走邊停下來覓食，甚至還會長胖呢。

不知道什麼原因，這些蝴蝶知道要去哪裡。牠們按照一個不在我們所知範圍內的地圖前進，地圖上有墨西哥的某些高山、某些向南的斜坡、某些樅樹和松樹。

牠們靠著太陽飛行。在美國中西部的一項實驗中，研究人員裴瑞茲隨機捕捉了一群遷移的帝王蝶，養在她的實驗室兩星期。她在實驗室裡改變牠們的光暗週期，讓蝴蝶習慣不同的時區。當這些帝王蝶一隻隻放出來時，牠們就飛錯方向了，因為牠們根據的是太陽應該在的位置、牠們以為的時間。

陰天裡，帝王蝶就要靠一個磁性羅盤了，這是在牠胸部的一些小小磁鐵礦。當裴瑞茲和同事將遷移的秋天帝王蝶放在正常磁場中時，這些蝴蝶就會正常飛向西南方，一直往墨西哥飛去；當蝴蝶被放在一個相反的磁場，牠們就會朝相反方向，也就是朝向東北方飛去；當牠們沒有磁場可依靠時，牠們就四處亂飛。

和其他候鳥一樣，帝王蝶或許也會運用視覺的地標。蝴蝶一般都能夠修正側風的偏移，在橫越開闊水面的實驗中，能夠看到水平面上地標的蝴蝶，修正的結果比較好。飛過沒有地標的海洋區的黃粉蝶和弄蝶，似乎也運用非靜止的物體，例如雲朵或是水波，不過成效不佳。

大多數蝴蝶都是拍動翅膀過一生，這是最基本的飛翔模式：上、下、上、下。但是加拿大帝王蝶需要在十周內抵達墨西哥的過冬地點，翅膀拍得再認真也不夠。於是帝王蝶會利用上升的熱氣流，像鷹一樣地沖天翱翔，到了黃昏，牠們就停止遷移，因為地面已經冷卻，熱氣流消失了。如果順風，帝王蝶也會利用風勢飛行；如果風向不同，牠們就靠近地面飛，因為這裡的風比較小，可以休息、吃喝、等待。

其他會遷移的蝴蝶卻採不同型態。許多是成一直線飛行，而且飛得很低，有明顯意圖。有一位科學家注意到，「即使一隻遷移的蝴蝶被困在住家門廊裡，牠看起來也像是要把房子撞倒，而且會以一種擇定的路徑堅持下去，而不會後退幾步或是繞開。」淡黃粉蝶、墨西哥灣豹斑蝶以及長尾弄蝶全都愛在風比較小、地面上方幾碼的邊界層行進。在佛羅里達州海岸南北遷移的大南方白粉蝶，成一片寬四十五呎的帶狀，飛行高度離地面不超過十二呎。在和風吹拂的日子裡，牠們會用沙丘作緩衝；在沒有風的日子，牠們就直接飛在沙丘上方。從歐洲北部遷移到西班牙溫暖地方的獨居的紅帶蛺蝶，經常在及腰的高度沿著一個確定路徑飛行。如果擋住這隻蝴蝶的路，牠會繞開，或是飛過上方，重新對好方向，然後繼續往前直直飛去。

帝王蝶是一種極端，與牠相反的另一個極端是科羅拉多綠小灰蝶，這種蝴蝶一生中出家門頂多幾碼。寄主植物的穩定性或許有助於決定一隻蝴蝶要飛多遠。不會外出的蝴蝶通常把卵產在可靠的多年生植物上，例如樹木；而漫遊的蝴蝶比較會把卵產在較不可靠的植物上，例如野草和一年生植物。

同蝶種的蝴蝶也會有個別的差異。在一群遷移的蝴蝶中，就有一些蝴蝶留在原地不動。同樣的，一隻本不遷移的蝴蝶也會因為很好的理由而上路。

各處的蝴蝶都在移動，飛向溫暖，避開寒冷；飛向食物，避開匱乏；飛去找伴侶、比較好的住處、更多的機會。

收拾你的背包，別多想了。

不遷移的蝴蝶會怎樣呢？

冬天，牠們會冬眠。有些蝶種在卵時冬眠，有些是在幼蟲時冬眠。許多是在蛹時冬眠，有些是在成蝶時。有少數蝶種，一年是在某階段冬眠，而下一年卻在另一個階段冬眠。

冬眠時，一切事物都慢了下來。沒有孵化、沒有蛻皮、沒有化蛹、沒有交配、沒有產卵。

幼蟲在樹葉背面、在草叢中、在你的花園裡找到一個好的藏身處。成蝶在樹上、在樹葉背面、在你的車庫裡找到一個好的藏身處，偶爾牠們會飛出來吃東西。

血液因為一種作用如甘油的抗凝劑而變濃稠，系統中的水分就減少。自由的水分就會轉變為一種膠質。

在高溫或乾旱的氣候中，蝴蝶也會夏蟄，這是同樣道理。停止移動。

各處的蝴蝶都在移動。但不是只有蝴蝶這麼做，每一年，淡水鰻都會滑過沾著露水的青草，到達大海。海鳥會飛越兩萬哩的距離。海象走過這距離的十分之一。墨西哥皺鼻蝠會飛過沙漠。微小的扁蟲蠕動前進八吋，每天兩次。二〇〇二年四月的一個月裡，某個觀察遷徙的團體觀測到有：北美鶴、座頭鯨、帝王蝶、蜂鳥、美洲馴鹿、白頭鷹和知更鳥。

他們還漏了扁蟲。

我喜歡數字，大大的數字。越多越好。蝴蝶多要勝過蝴蝶少，一條蝴蝶河是一件美妙的事，好幾百萬的蝴蝶那就中大獎囉！我喜歡這樣的大禮，看似偶發的尋常之舉，卻好像慷慨的大地在我耳邊低語：「你看我怎麼豐厚自己，你看我生生不息，遮蔽了天空，塞滿了水中，鋪蓋了大地，而我還可以付出更多更多。」

第十章

蝴蝶新大陸

做襪子和賣襪子，這是他的宿命。外祖父是羊毛分級中盤商，祖父是襪子染色師父，他父親力爭上游，擁有一間作坊。一八三八年，貝茲（一八二五～一八九二）十四歲，正式的學校教育已結束。他到一個批發商作學徒，每天工作十三小時，一周六天，早晨七點到，開門、打掃倉庫，到八點打烊，這時夜幕已籠罩列斯特這個英國製襪業中心城市的街道。

當時正逢工業革命，機械化的工廠取代了貝茲父親這種人經營的小作坊，造成城市污染、天空暗濁。人力與機器的結合似乎要強過大自然任何力量，而幾乎立刻地，人們哀悼自己的勝利。人類最好的自然寫作，有一些就是出自十九世紀中葉這段期間：博物採集的「黃金時代」，蝴蝶迷的全盛時期。

業餘自然學家探索鄉間，殺死大批昆蟲，用針釘住牠們的時候，這些昆蟲有許多是科學界之前從不知道的。為勞工階級和白領階級設立的社交俱樂部，會舉辦進修課程和田野考察。貝茲利用休假和整個夏天夜晚學畫素描，翻譯荷馬的《奧德賽》，並且開始收集甲蟲。十八歲時，他在《動物學家》雜誌上發表了第一篇文章：〈溼地常見的鞘翅目昆蟲筆記〉。十九歲時，他認識了熱中昆蟲的同好華萊士（一八二三～一九一三），此人在當地的列斯特專科學校教英文，二十一歲，六呎二吋高，身體結實瘦長；貝茲則是瘦弱，又有慢性消化不良、面皰、血液循環不良等毛病。

兩人很合得來。他們互相欣賞對方的收集，也看同樣的書：達爾文的《小獵犬號航海記》及馬爾薩斯的《人口論》。他們苦思當時最刺激的科學謎題：不同物種如何在世上萬物中出現？而物種出現的原因和時間又為何呢？他們倆像是被詛咒的靈魂，緊緊相依，坐在上了油的雪車裡，衝向一個傳統的英國社會。這個社會充滿商業野心，而在攀爬社會階梯時，卻只能有最起碼的前進。後來他們各獲得一百英鎊，於是決定前往某些充滿陽光和藍天的異國土地，展開私人的採集之旅。

在大英博物館的博物部門，一位昆蟲學家建議他們去巴西。博物館本身願意買下他們採集到的任何罕見昆蟲和鳥類，還找到一位代理人來處理他們的標本。

於是他們就在一八四八年四月出發，上了「淘氣號」商船。

從一開始，在一封很早期寫給貝茲的信裡，華萊士就倡言，他們要做的事不是年輕人鬧著玩的，而是有更偉大的目標，要「解決物種起源的問題」（達爾文回到英國以後，仍然思索在加拉巴哥群島的經驗，也對同樣目標進行研究）。

從愛爾蘭海峽很快到赤道之後，貝茲和華萊士抵達靠近帕拉河的一座巴西小村莊。在貝茲暢銷的旅遊冒險書《亞馬遜河的自然學家》中，他回憶起，「我和同伴兩人即將看見並檢視一個我們首次見到的熱帶國家的美麗，我倆懷著濃厚的興趣，凝視這片土地，而我在此度過生命中最好的十一年。」

兩人在帕拉河住了一年半，不定時進行採集和探索之旅。關於蝴蝶，貝茲滿意地發現，英倫三島只有六十六種、全歐洲只有三百二十一種，但是他從這裡住的城鎮走不到一小時的路，就可以發現七百種！

他為鳳蝶驚艷，「牠們那天鵝絨般黑色、綠色、和玫瑰色澤如此醒目！」牠們懶洋洋地在街道和花園附近飛舞，時常飛進窗子去探查住家。華麗的藍金屬色魔爾浮蝶寬可達七吋，拍動巨大的翅膀時，像是「陽台上的鳥」。在乾季裡的採集量尤其豐盛，「取得數不清的稀罕蝶種，不論在棲息地、飛行模式、顏色和圖樣方面，都有極大差異；有些是黃色，其他則是艷紅、綠、紫和藍色，有許多有圍邊，再不就是有金屬般線條的亮片和銀點或金點的亮片。」

透翅蝶的翅膀除了紫紅或玫瑰色的點以外都是透明的，當牠低低飛過暗影中的枯葉時，看起來像是「一片飄蕩的花瓣」。黃色和橘色的蝴蝶，大批聚集在海灘上，翅膀往上伸直，使得沙灘像是「色彩斑駁的番紅花床」。

還有毒蝶屬的蝴蝶，也就是長翅蝶和紅帶毒蝶，牠們的翅膀是深黑色，上有紅、白、橘、黃等顏色的條紋；身形優雅有貴氣，和牠們那種和緩、懶洋洋的飛行一樣。牠們的數目讓這位年輕的自然學者驚異，認為那是在空中漫遊的「鮮豔的色彩薄片」。

日後，來自另一個時地的作家也會發出同樣的感慨：「我們已經不是在堪薩斯了。」（在包姆所著的《綠野仙蹤》故事裡，一陣風把女主角桃樂絲吹離家鄉後，她對小狗托托說了這句話）

之後，華萊士和貝茲分頭到這河系的不同地點採集。貝茲往亞馬遜河上游走去，在一封寫給他兄弟的信裡，他提到典型採集的一天和

毒蝶

他典型的穿著：上午九點十點之間，他會前往樹林，穿著彩色襯衫、長褲、靴子，戴著一頂舊氈帽。左肩架著一把雙管獵槍，主要是打鳥和動物。右手拿著捕蝶網。左邊掛著一個皮製的包包，上面一個口袋裝昆蟲盒子，一個口袋裝火藥和子彈。右邊掛著一個裝獵物的袋子，「這是個有裝飾的東西，有紅色的皮製繩線可以掛蜥蜴、蛇、青蛙或大型的鳥。」這個袋子裡一個口袋裝著他的雷管，另一個口袋裝紙，可用來包細緻的標本，還有一個口袋裝「彈塞、棉花、一盒石膏粉，還有一個有潮濕軟木裝小鱗翅類的盒子。」他的襯衫上有個針插，上面插了六種大小不同的針。

進入樹林裡才幾分鐘，這位採集者就抵達「荒野的中心」，在他前面除了森林外什麼也沒有。「我發現了許多蝴蝶。我往前直走約一哩路，在蝴蝶量豐富的地方流連，經常會走到岔路。通常我筋疲力盡地回到家，都近下午兩點了。吃午餐、躺在吊床上讀一會兒書，然後開始處理我的捕獲物等等，通常要弄到下午五點。晚上我喝茶、寫東西、閱讀，不過一般來說，九點以前就上床了。」

和多數採集者不同，貝茲多半會待在一個地區。他在伊嘉鎮附近住了四年多，時間久到成為婚禮和嬰兒受洗時的嘉賓。他身體從來也不強壯，在這裡還害過寄生蟲病，得過黃熱病、瘧疾和痢疾。他的飲食很差，蛋白質攝取量又低。他雖然也結交朋友，但是卻經常很寂寞，而且在「這些野蠻的荒地中」，他尤其想念書籍和與人的對話。

有一段時間有兩個小孩歸他所有。男孩日後成為他的助理，後來做了金匠。而較小的女孩則因病過世了，雖然經過相當的照料醫護仍然死了。「她總是笑著，說個不停，」這位自然學家哀傷地寫道。「聽到她躺在那裡，一連幾個小時唸著她在家鄉村子裡和同伴學著背誦的詩句，真是說不出來的感人。」

哀傷的貝茲為這個孩子受洗，還給她穿上白色袍子，雙手交叉放在胸前，頭上戴著花冠。此舉讓伊嘉鎮其他歐洲人十分惱火。

除了採集蝴蝶的喜悅，以及恐懼回到「英國商業生活的奴役中」外，貝茲也向手足坦承：「最終我仍然不得不得出這個結論：單單自然的冥思並不足以填滿人的心靈。」

在這同時，華萊士才過四年就離開了亞馬遜河。回英格蘭途中，他的船失火，所有的採集全數焚毀。這個年輕人並不氣餒，反而再次出發。這次是前往馬來群島。一八五五年，他在砂勞越山上小屋裡潤飾一篇論文，名為〈論規範新物種引進之法律〉。一八五八年，林奈學會有兩篇論文聯合宣讀，一篇作者是華萊士，一篇作者是達爾文。這兩篇論文為天擇理論及天擇在物種演化中的角色描繪出大致輪廓。一年以後，達爾文那部研究已久的《物種源始》出版。

這同一年，貝茲也離開南美洲，從此再也沒有回去過。在最後這十年中，他採集並且運出一萬四千種以上的昆蟲類種，其中有八千種是之前從不知道的。此外，他還對毒蝶屬的擬態做了觀察，這些觀察具有持久的重要性。

在帕拉河的最後一晚，他還要忍受對英格蘭清晰而且未曾料到的回憶：

一幕幕驚人清晰的景象浮現，有陰鬱的冬天、長久的昏暗暮色、陰森的氣氛、拉長的影子、冷冽的春天、潮濕的夏天，還有工廠煙囪，和成群大清早就被工廠鐘聲喚醒去上工的髒污工人、工會房舍、狹窄的房間、虛偽的照料和奴隸的成規。為了要再次生活在這些沉悶的情景中，我正要離開一個四季如夏的地方。

你可以感覺到這裡有些矛盾。

第二天他的船就駛出帕拉河河口。他把手伸向這塊蝴蝶大地，而這是「我最後一次看到這條大河」。

生活很快回復正常。貝茲回到列斯特和雙親同住，也重回製襪業。他也繼續做蝶種的收集、販賣和分類的工作。他和達爾文開始通信，為彼此工作道賀，也為對方的健康不佳互相安慰。

一八六一年，貝茲在林奈學會宣讀自己關於亞馬遜河蝴蝶的論文。他故意將他的看法和達爾文及華萊士的貢獻相連。這位自然學家知道自己地位獨特：他做了漫長時日的觀察、十分仔細，又是實地去做。他看到了許多種族和地理變異的蝶種範圍。在這當中，他看到父輩蝶種和子輩蝶種一起飛行，而子輩蝶種已從父輩演化成為新的蝶種。他在這些活生生的色彩花片中看到的，正是物種可突變性的證據。更重要的是，貝茲對黑色、橘色和黃色的蓬蓬裙粉蝶這樣的蝴蝶感到十分驚奇，牠們會模仿毒蝶屬的成員。這種模仿，照貝茲的推論，是為了保護自己：這種擬態是為了想讓自己看起來像難吃的蝶類。不只其他科的蝴蝶模仿毒蝶，就連有些毒蝶「本身都是模仿者。換句話說，牠們假冒彼此，而且假冒得相當嚴重。」

貝茲對擬態的認識以及對其因果的見解，雖有被後人進一步推衍，但從未被取代，一百五十年以後，他的成果依然站得住腳。

今天我們會區別貝氏擬態和莫氏擬態。貝氏擬態是好吃的蝶種模擬難吃的蝶種；莫氏擬態（根據另一位亞馬遜探險家莫勒命名）是難吃的蝶種互相模擬。

在貝氏擬態裡，模擬者無異是寄生蟲，因為被模擬者沒有獲得任何好處，而且在捕食者偶爾吃了模擬者卻沒有難吃的感覺後，雙方都將會失去某些保護。在貝氏擬態中，模擬者翅膀上的圖案比較容易會有重大的基因改變，使牠會略微像似被模擬者，之後還會逐漸修正。而被模擬者在此同時也會試圖演化得與模擬者越不像越好。滋味美妙的模擬者太多，捕食者會變聰明，到這個地步，被模擬者也很容易被吃下肚。

而大多數難吃的蝴蝶都身體堅硬，能夠經得起試探性的一咬。被嚐一嚐然後吃下肚的，是那些好吃的模擬者。鳥類和其他捕食者的學習能力，以及願意去試吃獵捕物的意願，經常會影響到一種「被模擬者與模擬者」系統的演化。

在莫氏擬態中，所有難吃的模擬者都蒙其利，因為牠們強化了捕食者對牠們的印象，絕不吃牠們任何一種。於是被試嚐的類種就更少，人人都是贏家。

莫氏擬態的演化是，最不難吃的蝴蝶會像最難吃的蝴蝶，後來所有的蝴蝶就漸漸彼此相似。

蝴蝶很容易就可以改變翅膀圖樣，因為每片分別的翅膀都能自己發展。把正在化蛹的孔雀紋蛺蝶一小群細胞殺死，會阻止前翅的大眼紋形成，但是翅膀上其他圖案元素卻不會受影響。在「蛺蝶平面圖」中，蝴蝶可以改變身上的斑點，一次一個。

貝氏擬態和莫氏擬態經常會結合，形成一個擬態環，也就是好吃與難吃的一組蝶種都有一種類似的圖樣。

一個紅色圓圈上面有一條斜線，這是蝴蝶一致公認的普遍警告標誌，這似乎挺有道理。

事實上，自然界有很多不同的擬態環，每一種都有明確的圖樣。熱帶毒蝶結合了其他蝶種，以及某些日間飛行的蛾，形成「虎紋」環、「紅」環、「藍」環、「透明」環以及「橙」環。這裡的每一種「環」都可以包括多達二十幾種不同科和亞科的蝴蝶。這些不同的圖樣的產生，有可能根據此環的蝶種在何處演化、夜間棲息何處、白天在何處飛行，或牠們如何選擇伴侶而產生，而地理界線或是障礙也會影響圖案的演變。

鱗翅昆蟲研究者總是對毒蝶稱奇不已，因為毒蝶的蝶種能很快改變圖樣，以適應地理上的不同情況。比方說，紅帶毒蝶和基紅毒蝶在南美和中美約有十二種不同的種族或是變異，這兩個蝶種互相模仿，除非非常仔細檢查，否則無法區分。這兩種蝶種在各地區都會彼此相互模擬，因此，紅帶毒蝶可能會和另一個地區的相同蝶種長得很不一樣，反而長得像同地區不同蝶種的基紅毒蝶（幾乎總是其中一種蝴蝶會進行蛹期交配，而另一種則否。不同的交配策略可以使兩種外觀相似但不同蝶種占據同一個小小棲息地）。

如果蝶種再以性別來區分的話，擬態會變得更複雜。在某些擬態環中，某蝶種的雄蝶是非模擬者，但是多達四種不同的雌蝶卻會模擬其他難吃的蝶種，因此就會與四種不同的擬態環相連（雄蝶對於改變色彩圖樣或許具有抵抗力，因為牠們彼此之間利用色彩作為重要的訊號）。

擬態環的世界讓人頭昏眼花。就像呼拉圈一樣，這些環似乎越轉越快，彼此糾結，像是「塞爾特花結」一樣，會導致某種暈眩。

北美的鳳蝶環或許是從難吃的馬兜鈴鳳蝶開始，馬兜鈴鳳蝶在幼蟲時從德州煙斗藤和維吉尼亞蕁麻葉澤蘭等植物吸取馬兜鈴酸。香芹黑鳳蝶是牠的莫氏模擬者，或是相互的模擬對象，牠長得像似馬兜鈴鳳蝶，因為吃了你家花園裡的芫荽和胡蘿蔔中的毒素，所以也很難吃。烏樟鳳蝶是另一種相互模擬對象，體內全是安息酸。另一方面，大黃帶鳳蝶是一種好吃的貝氏模擬者。黃色北美大黃鳳蝶的暗色型雌蝶是次好吃的貝氏模擬者，這些暗色型只在馬兜鈴鳳蝶同時存在的地區出現。另一科的紅點靛蛺蝶，是一種好吃的馬兜鈴鳳蝶的貝氏模擬者，也是只在馬兜鈴鳳蝶生活的南方地區出現。紅點靛蛺蝶在北方的型態稱作一字蝶，牠身上的白色寬帶使牠看起來很不同。最後，戴安娜蛺蝶的雌蝶是橘色和棕黑色，沒有人知道這些雌豹斑蝶是貝氏或莫氏擬態。

當你想到一隻蝴蝶的難吃程度只是在某個系列範圍內，你就知道這個擬態環可以轉得更快、更瘋狂了。黑色鳳蝶難吃程度不到馬兜鈴鳳蝶的一半，而相關的蝶種難吃程度不一，在同一蝶種中的成員也如此。季節或氣候會影響一株寄主植物中毒素的質和量，而這又會影響個別的蝴蝶以及全體蝴蝶。

研究人員經常會感到困惑，例如著名的美洲黑條樺斑蝶。多年來我們都以為牠是貝氏模擬者，是帝王蝶及褐斑蝶的寄生蟲，但是現在我們知道，鳥類也會把這種蝶吐出來。這蝶種也很難吃，其實牠是莫氏模擬者。

同時在某些寄主植物上成長的帝王蝶也可能根本無毒，因此而成為一個貝氏自體模擬者，模仿自己的蝶種。

吉伯特建立一個理論：毒蝶屬先是演化成為其他有毒蝴蝶的貝氏模擬者，這種保護給成蝶更多時間在花朵上，讓牠們發展成可以吃花粉，進而提升牠們合成並製造毒素的能力，捕食者將會嫌牠們難吃，屆時牠們就變成莫氏模擬者了。

蝴蝶不只模擬翅膀圖案，也模擬飛行型態——拍動翅膀的頻率和不對稱的翅膀動作，這現象通常在有毒蝶種中發現。難吃的蝴蝶拍動翅膀和飛行都比較慢。牠們細長的身體是另一個視覺訊號，通常腹部較長，可以加強平衡，飛行也更平順。

味美的蝶種多半飛得較快也不規則。為了顯見的原因，牠們會跳躍、會急衝、會迅速改變路線。牠們比較大的飛行肌或許會使牠們需要有寬的胸部和厚實的身體。牠們的腹部多半比較短，藏在後翅下，較難抓住，較難發現，或許這樣的身型比較容易機巧操縱。貝氏和莫氏擬態是明確但有韌性的策略，莫氏擬態會轉換成貝氏，貝氏也會轉換成莫氏。兩種系統都容易受到獵物味道改變和捕食者反應改變的影響。這種事會在複雜的條件下即時發生。

比方說，有些鳥類學會咬出帝王蝶的內臟，只吃沒有毒的部分，像日本廚師料理河豚一樣。

對一隻飛過的美洲黑條樺斑蝶而言，這代表什麼意思？

貝茲在一八六一年向聽眾演說時，嚴辭強調科學家必須離開實驗室，走到「大自然的作坊」。或許只有一個在田野實地待過十一年，從自己腳上挖出寄生蟲，因為黃熱病全身發抖，又在叢林中葬了孩子的人才能真正了解。

關於毒蝶的擬態，他要大家注意：「在許多例子中，在展示櫃中看到的逼真模擬沒有那麼驚人。雖然我每天採集昆蟲採集了許多年，也隨時提防，我在樹林裡還是經常被騙到。」

他的結論是，他的觀察正好是「天擇理論真實性的最美麗證據」，即「天擇的媒介是食蟲動物」，牠們會無情地消滅不成功的模擬者。

這場演說後不久，達爾文就鼓勵貝茲開始撰寫旅行回憶錄，並且在一八六三年成功出版。他從家族製襪業退休，在三十七歲時娶了列斯特一位肉商的二十二歲女兒。這對夫妻在倫敦郊外買了一幢小屋，這位自然學家希望在這裡繼續他的研究。

結果他卻發現自己得辛苦賺錢，編輯書籍，並為私人收集物編撰目錄，就連大英博物館也不肯給他一個職務。有許多年的時間，這位自學的探險家即使不受達爾文和其他大人物的怠慢，也要受到學界和科學機構的冷落。其中一位就安慰他道：「昆蟲學者是一群可憐人，和他們打交道時你必須記住這一點。那是他們的不幸，不是他們的錯。」

終於，貝茲接受皇家地理學會助理祕書的職務，這份工作讓他認識當時絕大多數的著名冒險家，例如十九世紀的英國探險家李文斯頓和波頓。他後來子女成群，也繼續寫作和編輯，日益受到肯定，並成為步行蟲的世界級權威。

他在一八九二年去世，得年六十六歲。

華萊士也在英格蘭結婚成家，一輩子和錢及帳單掙扎。在歷史上，他比貝茲出名：演化論的共同發現者。

華萊士在一九〇六年回顧往昔時，只記得他初次和這位終生朋友見面時有關的部分：「我怎麼被介紹給貝茲的？我不是很確實記得，不過我想我是聽到有人提到他是熱心的昆蟲學家，而和他在圖書館見了面。我發現他的特長是甲蟲採集，不過他也有一套很好的蝴蝶。」

第十一章 自然史博物館

倫敦的自然史博物館外觀像是一座大教堂，館內蝴蝶標本收藏之豐富與古老，在全世界數一數二。入口處非常寬闊，用淺黃和藍灰色石頭拼出圖案，還有一排排的拱型窗和小尖塔。室內，陽光透過彩繪玻璃灑進正廳，這裡也稱作神聖空間，通向多個小禮拜堂區。高高的天花板上是用綠色和金色繪出的植物圖，還註明植物的學名，如毛地黃、犬薔薇、綠花歐瑞香。正廳有一隻複製的梁龍骨架，這是一種草食的恐龍，從頭到尾的身長是八十五呎。禮拜堂區展示著化石，就如揭示著曾經出現卻已然不再的神祕祕密。

這座教堂爬滿了動物。每面牆上有花葉圖案的鑲板，都有用紅色陶土塑造的疣豬和貓頭鷹、狐狸和綿羊、鴿子和鼬鼠。柱子上纏繞著蛇，猴子爬上門，一隻蜥蜴爬向出口標示。建築的西半部以現存的物種為主，東半部則是已絕跡的物種。

博物館結合宗教與生物學，始於這座自然博物館的第一任捐獻者史隆爵士。史隆爵士的私人收藏是一七五〇年代大英博物館的基礎，更是在一八八一年分立出的英國自然史博物館的根基。他在遺囑中表明，希望自己對自然界稀奇事物的研究可以引發人們對於上帝更深入的研究。第一任自然史部門主任是歐文，他創造出「恐龍」一詞，他本身也是個神造主義者（主張萬物都是由神所創造），激烈反對達爾文的進化論。歐文同樣相信這座博物館的目的是要展現「神的意志」。在才華洋溢的建築師瓦特豪斯的協助下，他建造出一幢供人朝拜的建築。

多年來，歐文的銅像一直隔著中央大廳怒瞪悠閒坐著的達爾文大理石像。今天，達爾文面向一處供應拿鐵和水果塔的咖啡區，幾乎沒有人注意到這座石像的存在，但這種不被注意似乎不是被人忘卻，而是受到認可，因為他已經太平常了，存在於我們呼吸的空氣和所吃的食物當中。

范恩瑞特是博物館的現任昆蟲部主任，他的私人祕書在接待台前，準備要帶我搭電梯、走過上鎖的門，前往隱藏的王國。我們先走過恐龍展區，過一個轉角就面對我見過最逼真的機器暴龍。

這頭暴龍和我的臥室一樣大，俯身靠近著在生死之間抽搐掙扎的鴨嘴愛德蒙托龍，暴龍一邊咆哮一邊左右晃動腦袋，把牠染紅了的牙齒逼近隔開我們的矮牆。牠彎身去聞這個獵物，吼聲更大，然後緊張興奮地後退站起來，眼看著就要咬下這隻垂死的草食動物。但牠並沒有這麼做。原來這隻機器暴龍有一種規律的節奏，一邊咆哮一邊左右晃動腦袋，把牠染紅了的牙齒逼近……

這時候，倫敦的鐵路有狀況，范恩瑞特遲到了。於是我就被帶去見一位科學界同業賀洛威。賀洛威的辦公室在部門的一樓，這部門有六層樓，有約三千萬隻昆蟲，放在十二萬個抽屜裡。這當中有八百五十萬隻是釘住的蛾和蝴蝶，其中有超過兩百萬隻標本，是羅斯柴德爵士在一九三七年送給博物館的，這批標本又混合了史隆爵士和派提佛先前的收藏，而其他的收藏則是別人捐贈或是館方收購所得。館方的相關人員包括賀洛威和人在所羅門群島的鄧南，仍然繼續增加標本，一年可能會有一千隻之多。

賀洛威的工作其實是有關蛾的。他對東南亞大型蛾的認識可能是全世界第一，目前他正撰寫權威的《婆羅洲的蛾》。他站起來打開一個抽屜。他的辦公室小到不像辦公室，倒像是在這個深邃樓面邊邊一個挖出來的凹室，這樓面有一排排的高櫃子，成排櫃子之間的走道就像迷宮裡的走道。櫃子都是羅斯柴德爵士捐贈，也都高過我們的頭，而後斜向延伸到遠處一面牆。賀洛威收集的標本伸手可及，這些標本都用針直接釘在抽屜裡。

看到牠們了！一排細緻的棕白兩色蛾，看起來好像差不多。賀洛威指著一個上頭印有「模式標本」字樣的標籤。「模式標本」是選出來代表某一蛾種的，這些蛾無異是代表各國的過世外交官。自然史博物館擁有蛾和蝴蝶的「模式標本」數量，占全世界的半數以上標本。同一系列其他大同小異的昆蟲，則顯示同一類種中「模式標本」以外的變異，包括因地理不同而有所變異的種類。

由於存放的問題，採集者不再像從前那樣，喜歡把一長串昆蟲用針釘住，但這樣的改變或許是件不幸的事。賀洛威在《婆羅洲的蛾》書中描述的許多昆蟲都是新類種，這些昆蟲都曾被採集過，但是當賀洛威看過較古老的標本時（尤其是觀察性器，這是一個重要的分析關鍵），他在一系列的蛾中，發現不只一個、而是兩個或是更多不同的蛾種。

像這樣大批的收藏，主要運用在分類學上。鄧南在所羅門群島用網撲捉到一隻藍色蝴蝶，就可以拿來和這裡所有的藍色蝴蝶比較，包括密克和其他採集者先前所捕捉到的蝴蝶。這些比較有助於確定蝴蝶的族譜、姻親關係及相互關係。

收藏蝴蝶的第二種用途和生物多樣性有關。這座博物館無異是扇窗，透過它可以看到三百年前英格蘭的蝴蝶，當時的博物學者派提佛接受了收藏家格蘭維爾夫人的蝴蝶標本；也可以看到一百年前羅斯柴德小時候在倫敦城外莊園花園裡捕捉的蝴蝶；或是五十年前，羅斯柴德的姪女蜜麗安在同一座花園裡採集到的蝴蝶。在這些抽屜中，我們看到已經失去與尚未失去的東西。

賀洛威的興趣在蛾和蝴蝶的多樣性如何反映出總體的多樣性，他相信這兩者之間是相關的。他觀察在不同的經營地景中有哪個蛾種存在，這些地景包括馬來西亞一座新的軟木造林區、有較厚地被植物的一座較古老造林區，以及原狀的原生林。

「我們知道那裡有什麼，」賀洛威說，「就可以回來，持續和紀錄比對。我們可以看到改變的是什麼。在某種為生物多樣性所做的實習中，我們可以從中看到付出的代價，也許還可以看出要如何減輕這種代價，但是首先我們需要一些基本資訊。」

在一個全部由人為經營的地景中，在這花園的世界中，確立「正確的生長發展拼圖」或許和保存野地同樣重要。

《婆羅洲的蛾》是一套十八冊的書，賀洛威正在寫第十三冊。

從昆蟲部主任范恩瑞特的辦公室望出去的景色，我猜想連肯辛頓花園的樹頂都看得到，這座花園因為蘇格蘭劇作家巴利的《小飛俠》而出了名。一九六一年，范恩瑞特十八歲，他到這個辦公室來找工作，從那時候起，除了請假攻讀學位和進行研究，他一直都在博物館工作。

鄧南曾經慫恿我去問范恩瑞特他在電視上吃蟲子的事。

德佛瑞曾經形容范恩瑞特是一個「少見而且熱情洋溢」的事物分類者，和他一樣，從前也是爵士音樂家。我們談話時，這位主任不時就會從書架上拿下這本書或是那本書。此刻他跳起來，拿給我看一本一八八五年的小冊子《為什麼不吃昆蟲？》。

「為什麼不吃昆蟲？問得好！」小冊子的作者一開頭就這麼說，接著他就討論葉蜂及潮蟲在營養、烹調和經濟上的價值。至於甘藍粉蝶的綠色毛蟲，「我有十足的理由贊同享用這樣一盤美食：以精心調味的毛蟲圍在甘藍菜的四周，因為這些毛蟲正是以甘藍菜為食的！」燒烤過的圓胖蛾身很美味。

所以，「讓我們拋開愚蠢的偏見，開心享用奶油炸蟲蛹，佐以蛋黃和調味料，也就是『中國式蟲蛹』。」

范恩瑞特幾乎同樣快活。「吃蟲子是對社會習俗和文化規範的挑戰，是對人類自大心態的痛擊！」

范恩瑞特承認，「這件事是有幾分虛浮和誇耀，和我本性不合。」

因此，當自然史博物館決定要重印這本一八八五年的冊子時，范恩瑞特就巡迴促銷，不是在廣播節目裡卡茲卡茲大嚼蟬隻，就是在BBC節目中炸麵包蟲。倫敦的餐館因而有一段時間也嘗試供應昆蟲餐。「這件事我略有參與。」這位昆蟲部主任此刻說。

要是你問昆蟲學家怎麼會對蟲子和蝴蝶有興趣，四個人裡面有三個會告訴你一個數目字。

「我十三歲的時候，」威爾森寫道。

「雖然我欠缺追根究柢的心，但以五歲的年紀來說，我卻是個很好的觀察者。」蜜麗安這麼說。

「當我十二歲時，」知名的鱗翅類專家派爾回憶。

「我小時候走在鄉間路上，」賀洛威也表示同意。

「我是個採集甲蟲的小男孩，」賀洛威的同事卡特會這麼說。

「當時我七歲，」范恩瑞特附和著說，「有人送我某個現在備受抨擊的童書作者寫的書，那是一本淺顯的自然史書，還有蝴蝶的彩圖。我家院子裡有一棵開花的樹，現在我想起來，好像那本書裡的每一隻蝴蝶我都可以在那棵樹上找出來，可以一一比對出來。讓人非常開心。」

把蝴蝶一一比對出來、認出翅膀圖樣、找出圖樣不符的東西、為圖樣命名、為異例命名、和書核對，有朝一日你自已也寫起書來。的確，這些都讓人非常開心。成年人喃喃說著生物學上的目名，七歲小孩則大喊：「哈，就是你！」這要勝過捕蝶網的一揮。而在分類學上，你撲捉到的是一個蝶種。

今天生物的目是依生物如何在時間中演化而定，也就是生物共有的祖先是什麼。范恩瑞特喜歡花時間找出鳳蝶的顏色或是帝王蝶的香味，可以讓我們知道其祖先或近親是什麼情形。由於在一九八〇年代進行的研究，他曾前往菲律賓群島，那裡的蝴蝶量豐富，也已經因為嚴重的砍伐森林而出名。

「我沒有想到森林砍伐得有多嚴重。」范恩瑞特說。

這件事對我後半生造成很大的衝擊。我非常震驚，也深深相信這對任何人都沒有好處，當然對生活在該地的人更是。毀掉一個生態系統，又完全沒有東西替代，這是貪婪、無知加上貧窮的結合。於是我生病了，我原以為是身體的病，結果我是心理、或者說是情感上生病了。等我不得不飛往新幾內亞作蝴蝶行為的研究以後，病就好了。那裡的地景很神奇，我立刻就覺得好多了。其實我之前只是沮喪而已。

范恩瑞特一躍而起，要找一本關於新幾內亞蝴蝶的書，不過卻找出一名日本採集者做的東西。日本現在的蝴蝶怎麼樣了？

沒有人知道。

「除非我們對於該地有些了解，知道那裡有什麼、該地在何處以及如何辨認它，否則我們也無法處理。」范恩瑞特附和賀洛威的說法。

自然史博物館現在正在標出多樣性的「熱點」。「事實上，我們是在告訴人們，如果你必定會製造出垃圾，請不要在這個熱點製造，因為那將嚴重影響到有多少蝶種能留在這個世界上。」

於是，蝶種的名單就要一一產生了：亞洲的、非洲的、澳洲的、北美洲的。范恩瑞特稱這件事為生物會計。

「我們在做電話號碼簿。」

如果你撥了這本簿子裡的一個號碼會怎麼樣？如果你想知道關於一隻蝴蝶如何生活、交配、生殖或死亡的資訊，那不會怎麼樣。別指望會有說個不停的內容。

「我們不知道的事情太多了！」范恩瑞特說，他的口氣是興奮與失望兼而有之。「你可以花一個禮拜的時間研究某種不知名的昆蟲，然後你知道的就強過這世界上所有人了。我們的無知非常嚴重。」

他又跳起來去拿另一本書。

一九八四年，博物館一位採集經理艾可瑞與范恩瑞特合著了兩本重要書籍：《乳草蝴蝶，其支序分類與生物現象》以及《蝴蝶生物學》。到一九九〇年，艾可瑞已經感覺到專攻的必要，若不是專注在研究，就要專注在採集管理上，不能二者並行。「我決定偏向採集方面。」今天他說。

他的工作大部分和害蟲防治有關。

採集者很早就在抱怨保存標本的問題了。一七〇二年，格蘭維爾夫人寫信給派提佛：

今年因為我不在家，植物存活不多，又因為幾乎有兩年之久的疏忽，未曾清理我的蝴蝶，使蟲虱為害甚鉅，損失了最好的百餘蝶種……因為擔憂蜘蛛及鼠類，我還仔細又嚴密地收藏這些蝶種。我相信因為缺乏空氣，蟲虱生得多，而甲蟲外面都覆著一層白色硬殼，當我要去清理時，全都碎成片片。我希望有生之年再也不要讓它們如此長久被疏忽。

倫敦自然史博物館主要受到甲蟲幼蟲的侵害，有一種圓鰹節蟲，是灰金兩色的地毯甲蟲，約有十分之一吋長；美國黃蜂甲蟲，雌蟲可以自己繁殖；蘇氏姬鰹節蟲是棕色的地毯甲蟲；還有藥材甲，這是餅乾或藥房甲蟲。菲爾和范恩瑞特一律以博物館甲蟲稱這些蟲，牠們屬於同一蟲種：雜斑鰹節蟲。

一般說來，一隻生活在屋外鳥窩裡的雌甲蟲會飛進一扇窗，產卵在一個聞起來不錯的東西附近。這東西也許是一個木頭櫃子裡面的死蟲子。幼蟲孵化後，穿過最細小的縫細，鑽進櫃子裡就開始吃起來。近二十年來出現的一種新博物館甲蟲，行為型態具有破壞力，牠會咬一口這隻蝴蝶，再去咬下一隻蝴蝶，能夠把一個展示櫃的標本吃掉一半。到這時候，這隻蟲子已經大得出不去了。一名研究人員打開一個抽屜，只見一隻死掉的甲蟲和許多隻蝴蝶的碎片。

艾可瑞猜測，每一年開始，在博物館的十二萬個昆蟲抽屜裡，大約會有四十件可以辨認出的蟲害事件。有很長一段時間，博物館都仰賴殺蟲劑解決甲蟲，直到人們明白對無脊椎動物有毒的，對哺乳動物也有毒。以這裡的例子來說，化學劑是以高蒸氣壓裝罐。當研究人員打開抽屜時，殺蟲劑的氣體會混攪而後一古腦湧出。當我走過櫃子時，仍能聞到十五年前樟腦的氣味。

如今標本必須不靠殺蟲劑保存。首先，不管別人送來什麼、不管博物館買進什麼，每樣東西都要在攝氏零下三十度冷凍七十二小時，殺死甲蟲之類的害蟲。受到蟲害的抽屜也要冷凍。艾可瑞也慢慢地在採購「優質的博物館家具」，不是散發骨董光澤的木質家具，而是密封的灰色不鏽鋼盒，把這些盒子再塞進毫無美感的橫櫃，以手工方式可以打開這些橫櫃，移到特定地方。

最後，這整座建築都必須與世隔絕密封起來，人員都得換上工作服。艾可瑞指著他那有點凌亂的辦公室裡一座水槽。「那就創造了一個高溼度的微環境。像這樣一個水槽周圍就有很多的書虱，有人過來把一個抽屜放在水槽旁邊，就會有蟲子了。」

艾可瑞辦公室的凌亂有一些和他最新的計畫有關，這計畫是貝茲採集的七十三種蝴蝶的展覽。艾可瑞有興趣的是貝茲如何將蝴蝶插上針製成標本，以及他如何將牠們運到大英博物館。

我想不想看一看？

我在瞬間就出了辦公室，可能還隨身帶走幾隻書虱了吧。

艾可瑞領著我穿過這座木頭峽谷。他從一九六五年起就在這個博物館工作，曾在一九六〇和一九七〇年代以諧趣手法寫過這裡開年度會議的情形。這些會議都有著名的鱗翅類學者出席，而「櫥櫃之間的峽谷常會回響起諸如『施洛普郡的新紀錄！』的得意喊叫，語氣總是拿捏得宜但卻惱人地遠傳各處，這種語氣像是英國私立學校教育培育出的主要特質。」

「我怎麼會有興趣的？」他重複我的問題。

我不是那種生來就拿著捕蝶網的人，我也沒在三歲半的時候就養起大紋白蝶。我想對大多數在自然史博物館工作的人來說，吸引他們的是自然史，然而吸引我的卻是博物館這部分。我相當喜歡把東西整齊排好，在上面貼上漂亮的標籤。是蝴蝶或是燧發來福槍，對我來說都沒差。我做編類索引的事情很開心。我的無聊門檻相當高。

我們在一個櫥櫃前停下，艾可瑞隨意拉開一個抽屜。牠們比我想像的要鮮豔得多：藍黃兩色的藍帶黃斑蛺蝶，碧藍的大藍帶夜蛾。

艾可瑞相信貝茲是先在野外當場將樣本釘住，等到把牠們送到代理人那裡以後，再重新用另一種樣式釘住，因此會稍微破壞了胸部。

菲爾給我看一個受損的胸部。

不待我開口，他就帶我去看鳥翅蝶屬的蝴蝶，有亞歷山大鳳蝶和大鳥翼蝶，這些也都是十九世紀採集的。僅僅幾隻這種綠藍兩色的翅膀就填滿一抽屜的空間。黃色的腹部十分龐大，而綠色是主要的顏色。

艾可瑞指著幾隻雌蝶翅膀上的孔。一八九〇年，一名採集者寫到他在洗澡時看到一隻鳥翼蝶的情形。當時他急忙從水裡爬出來，抓起捕蝶網就光著身子跑進叢林：「我踩到一塊尖銳的石頭，摔了一個跟頭，不過我爬起來繼續沿著海邊追。終於，目標在樹木間往上飛的時候，我追上牠，瞄準方向，就把牠撲進網子裡了。這一刻的感覺，就留給任何熱情的昆蟲學家去想像吧。」

之後這個開心的裸身男子「又看到幾隻，可是牠們一直高飛在樹木之間，於是我想我要用霰粒彈把牠們射下來。我帶著一把十六鏜的槍，於是我在一個槍管裡放進一個莫里斯式點三六〇口徑槍筒，在它的幫助下，我又打下兩隻雌蝶。」

艾可瑞關上抽屜，將這些鳥翼蝶推回黑暗中，就像收藏起珠寶一樣。他必

亞歷山大鳳蝶

須回去工作了，他說我可以在這條走道盡頭櫥櫃下的一張桌子旁邊等另一位採集經理卡特，那裡離貝茲採集的蝴蝶不遠。艾可瑞說，談得很愉快，掰了。

我不敢相信他們竟然放心讓我一個人在這裡。

我坐在桌前等卡特。

然後我站起來，偷偷走到最近的抽屜。

我慢慢拉開抽屜，盡量不要發出聲音。慢慢的，一排排有綠點、紅色與奶油色螺紋的前翅和V字形圖案的後翅一一出現。我讓抽屜打開，再走到下一個抽屜。

黃邊蛺蝶。華麗的孔雀蛺蝶。繆蝶。

我在這座木頭峽谷間躡手躡腳走著，再打開兩個抽屜、三個抽屜、五個抽屜；一隻貓頭鷹蝶、一隻斑馬長翅蝶、一隻紅帶蛺蝶。我讓這些抽屜全開著，眾蝴蝶開始騷動，用翅膀抵著櫥櫃，飛起來了，鮮豔的鬼魅，穿過玻璃飛到空中。

我打開更多更多的抽屜。蝴蝶在室內漫天飛舞：一串的黑斑菜粉蝶和琉璃小灰蝶、北美大黃鳳蝶、透翅蝶、蜆蝶、天狗蝶、鳥翅蝶屬。一隻眼蝶向另一隻鞠躬。兩隻粉蝶開始交尾。

這裡有熱帶的動物吼叫，鸚鵡和猴子。這裡還有茉莉花香。

然後我回到桌前，一副沒事的樣子。

卡特找到等候中的我。我們討論從前的銅針如何會因為氣溫和壓力及脂肪的反應，而突然使蝴蝶身軀從內爆開。他還告訴我，夜裡他獨自一人工作時，櫥櫃會發出聲音，有時候木頭會迸裂，發出像手槍擊發的聲音。我們也談到研究工作，以及最近科學家的一項請求，他們想要對很久以前採集的蝴蝶進行DNA檢驗，希望博物館能提供協助。

我們漫步在標本中間，走樓梯上上下下。我坦白說，「我仍然不知道我要走到哪裡去。」卡特有同感。「噢，我也是過了好幾年才知道自己要往哪裡走呢。」

然後他用鑰匙打開一個灰色鐵櫃。這是史隆爵士的收藏。他在一七〇〇年代初期買下派提佛的收藏。派提佛那種任由物品櫥櫃雜亂無章的園丁鳥心態讓漢斯爵士大驚，立刻雇人保存這些標本（園丁鳥是澳洲及巴布亞新幾內亞的一種鳥，雄鳥會四處蒐集鮮豔物品堆滿自己的窩以吸引雌鳥）。此刻我正注視著夾在透明的雲母薄片中、有三百年歷史的粉蝶。這些粉蝶仍然發出牠們因而得名的亮光（粉蝶英文名為sulphur，即硫黃、硫黃色之意）。

這裡某個地方有格蘭維爾夫人送給友人及恩師的豹斑蝶，那是在她第二任丈夫離開她之後，在丈夫綁架兒子又威脅她其他孩子以前，也在她開始分不清自己孩子和仙子之前。從來也不普遍的格蘭維爾豹斑蝶，至今仍然罕見，只在英格蘭南邊海岸附近的一小片地區出現。

還有，甚至比派提佛都早的時候，一名採集者把他的昆蟲像壓花一樣的夾在書頁中。已經很熱心的卡特，現在更是起勁，散發出興奮之情。這或許是全世界最古老的蝴蝶標本。

這件事卡特必然做過，而且做過許多次：先是讓訪客看書裡標本的照片，一隻壓扁的纓蝶、一隻孔雀蛺蝶，然後再讓訪客看這本書。但是，當然，書是闔著的。每打開書一次，它那脆弱內容物就會又受到一次傷害。當然我們不能打開這本書，只能盯著書的封面。

卡特必然做過這件事，但是他的興致似乎依然高昂鮮活，就像這些仍然神奇地活在抽屜裡的蝴蝶一樣。讓這些收藏再保持鮮活三百年，不只是卡特也是范恩瑞特和德佛瑞時時心繫的念頭。這是一種了不起的傳承和非凡的宣言，遠超過命名、超過擁有、超過物種的目別。這是歷史的型態：故事與時間。

男人赤身露體跑進叢林。手拿捕蝶網，熱切地往上撲跳。

第十二章

是蛾，不是蝴蝶

隱身在花朵之間的金毛夜蛾振翅飛起，在陽光下看起來像一小塊奶油。牠亮黃的翅膀有橘色斑紋，但是牠不是蝴蝶。

葡萄夜蛾是黑色的，後翅上有大塊紅色，前翅上有大塊白色，白天牠以北美東部零星樹林裡的野生葡萄為食，常被誤認為蝴蝶。

白紋紅裙燈蛾背面的綠色前翅有黃色斑點，後翅則是鬥牛士服的紅。

印度有一種蛾，翅膀邊緣有綠色、黑色、橘色和白色的圖樣，翅膀上還有藍色的金屬光澤。

有一種白天飛行的蛾，看起來像是鳳蝶。

另一種蛾閃閃發亮，像是一道彩虹。

蛾和蝴蝶的差別在哪裡？昆蟲學家認為這個問題很累人。根據牠們各自的天性，有的看起來十分警覺，有些則是陰沉。通常沒有多大差別，而科學家也明白這種說法聽起來有多麼不科學。

在約十六萬五千種的鱗翅類中，我們確定蝴蝶約占百分之十一，其餘都是蛾，大部分是微蛾，或稱微鱗翅昆蟲，牠們通常很小也很原始，因為牠們比蝴蝶還先演化。從五千萬年前到一億年前，蝴蝶和蛾的其他幾種科，稱作大型蛾，或稱大型鱗翅目昆蟲，都從這原來的群體中發展出來。

蝴蝶的兩個總科：鳳蝶總科和弄蝶總科，具有與大多數大型蛾不同的明確特徵。顯著的一點是，大多數蝴蝶在白天活動，仰賴視覺去找尋食物、寄主植物和彼此；牠們也會用視覺的訊號、圖樣和顏色與敵友溝通。

有些研究人員相信蝴蝶會往有陽光的地方移動，是因為要逃避蝙蝠的捕食；因此，蝙蝠成就了蝴蝶。

蝙蝠倒確實幫忙塑造了蛾。蝙蝠會發出超音波的叫聲，還會使用回聲定位，瞄準夜間飛行的昆蟲，夜間飛行的蛾就長得毛茸茸來因應，因為這樣就可以掩飾牠們在「雷達」上的外觀。有些蛾也在翅膀、胸部、腹部上發展出容易感受超音波聲音的「耳朵」。只要聽出附近有隻蝙蝠，蛾就俯衝向地面。有些蛾還會發出自己的超音波吱吱叫聲和喀答聲，混淆蝙蝠的雷達系統。也有可能這些聲音是警告蝙蝠，說蛾是有毒的，這是聲音版的帝王蝶翅膀。

蜘蛛也會捕食蛾類，當牠們在黑暗中盲目搖晃飛行時張網捕捉。蛾和蝴蝶會讓翅膀鱗片脫落（鱗片很容易脫落），掙脫蛛網的絲溜走。蜘蛛早就學會分辨飛蛾翅膀的震動和蒼蠅或蜜蜂翅膀的震動，於是牠們會立刻前去吃飛蛾，免得牠逃走。

有些蜘蛛會層層往上結網，在蛾掙脫一個網而往上飛時再網住牠，再掙脫、再網住，一直到最後，蛾翅上的鱗片全脫光，光禿的翅膀就很容易網住了。

夜間飛行意謂著蛾主要依靠氣味去找尋食物和伴侶。蜘蛛也利用這一點，牠會發散出假的性費洛蒙去誘蛾，雄蛾急匆匆就上鉤，結果是被困在特別為牠準備的條條超強膠線中。

蝴蝶則用白天的新危險來交換這些夜裡的危險，白天是一個充滿絕佳視線和色覺的鳥類世界。有些蛾種也選擇做同樣的事，因此在同一科裡會有白天飛行的色彩鮮豔的蛾，還有牠夜裡飛行顏色灰暗的表哥。

觸角也可以區分蝴蝶和蛾。蝴蝶觸角前端粗圓，也稱棍棒狀；蛾的觸角前端尖細，或是成鋸齒狀，或是像羽毛，或是像棕櫚葉。觸角主要供嗅覺之用，而蛾可是嗅覺超強的，勝過所有善聞的蜜蜂。從實驗室的實驗中，我們知道雄天蛾可以聞到並且分辨出我們丟給牠的幾乎任何化合物；我們知道雄家蠶蛾用牠那巨大的羽狀觸角可以偵測到雌家蠶蛾身上每立方公分僅有一千個分子的性誘引劑；我們知道有些雄蛾可以聞到一哩多外的雌蛾，並且找到對方。

在蛾的黑暗世界裡，召喚伴侶的事情大部分是由雌蛾做，牠們會從腹部的一個腺體發散出牠們的化學「花束」。根據蛾種的不同，雌蛾會在某些地方、某些情況下的某些時間召喚。雄蛾的觸角在空中揮動，過濾空氣，準備好接收這些訊息，聞到這種召喚就跟著氣味線找到雌蛾，然後放出牠自己的化學訊號。由於召喚伴侶由雌蛾負責，雄蛾求偶通常很快也很容易，交尾也是。

分辨蝴蝶和蛾的第三種方法，是看翅膀構造上的小小木工。大多數蛾的翅膀上普遍有一種可以嵌住剛毛的構造，能讓前後翅扣在一起，在飛行時幫助兩個翅膀成為一個單位振動，而蝴蝶則沒有這個構造。

還有，蝴蝶休息時翅膀多會閉合在背上，飛舞或是曬太陽時翅膀是水平展開的；蛾在休息時多會將翅膀收成尖形帳篷狀，再不就是像曬太陽的蝴蝶一樣水平伸直。

卵和幼蟲也各有怪癖：氣孔的位置、頸部特別的腺體、各式各樣不同的毛束。處處都有例外。弄蝶也可能會是土黃色小個頭，翅膀收成尖形帳篷狀，觸角幾乎沒有變粗厚。斑蛾翅上有紅點，白日飛行，觸角似乎明顯像棍棒。

有一群「蝶蛾」兼有兩種的特性，令分類學家最近把牠們納入蝴蝶的家族中。新熱帶區（指墨西哥中部以南的中美洲及南美洲全部）絲角蝶科的蛾翅膀上有耳朵，大多數顏色灰暗，個子小，包括日間飛行和夜間飛行的蝶種。牠們沒有棍狀的觸角，不過和鳳蝶一樣，牠們會織束帶，而且牠們的卵和毛蟲非常像蝴蝶的卵和幼蟲。

另一群較大的熱帶「蝶蛾」大都在白天飛行，顏色大膽，有棍狀觸角，而牠們的毛蟲也明顯像蛾。

至少目前牠們還不是蝴蝶。

數一數哺乳類、鳥類、爬蟲類、兩棲類和魚類的數目，統統加在一起，仍然比不上蛾的數目。在這麼大群的動物中，保證會有相當多種的適應之道。

你可以想得到一定會有有趣的地方。

有些蛾小到整個幼蟲生命期間都在一片葉子的內部細胞中挖通道。這些葉片礦工挖的通道形狀各有特色，或是細膩的螺旋形，或是簡單的迷宮。

其他幼蟲則去挖空樹幹，悲慘地靠樹漿維生，一吃可以吃上四年，然後在牠們的洞穴排出大量氣味濃烈的糞便。

也有蛾的幼蟲住在水池裡，吃水池草，用水生植物葉子做窩，用羽毛般的氣管鰓從水中吸取氧氣。

還有蛾的幼蟲會做絲「袋」，隨身揹著，並且用殘破碎屑及松針加以偽裝。成年雄蛾會逃出蔽身處，但成年雌蛾卻不會，即使變態之後牠也缺腿、缺翅、缺眼睛，簡直就是一袋卵，等著被發現、受精。

亞利桑那州一種蛾的毛蟲吃橡樹的小花，而牠們自己也用黃綠色的皮膚和假的花粉囊模擬這些花。等到花朵凋謝之後的夏末，下一世代的幼蟲看起來就像是橡樹的細枝，下顎為了吃樹葉而比較大也比較重。科學家一度以為這是兩個蛾種，其實牠們是同一蛾種的不同服裝。

最大的蛾來自南美洲，翅幅有一呎長。

馬達加斯加的一種天蛾會伸直牠一呎長的吻管，好伸進牠要傳授花粉的蘭花當中的一呎長花蜜管。

亞洲有一種蛾會刺進皮膚吸血。

有一種月形天蠶蛾沒有嘴。

刻苦的絲蘭蛾也是不吃不喝，只為絲蘭花傳粉：採集花粉後飛到另一株絲蘭上，把花粉灑到等候的柱頭上。在這時候，雌蛾就會產卵在花朵的子房中。花朵成為一個充滿種子的囊袋，幼蟲孵化後會吃掉一部分的種子，鑽出來，掉落地面，再成蛹。絲蘭蛾是少數積極而且刻意去傳粉的昆蟲之一，因為這是確保牠的孩子能有食物的方法。

透翅蛾是牠們模擬對象的滑稽版，因為牠有黃蜂長而透明的翅膀和黃黑條紋的胖胖腹部。這種蛾會不懷好意地嗡嗡叫，還會鼓起腹部，好像要用刺去叮人。

還有一些蛾很像蜜蜂。

有些蛾會像蜂鳥一樣在空中徘徊。

委內瑞拉有一種蛾會模仿蟑螂。

因為種類多、數目大，蛾的影響力要勝過蝴蝶。牠們是花朵和農作物較好也較重要的傳粉者。牠們的幼蟲供全世界動物捕食。我們甚至馴養了蛾，就像我們馴養綿羊一樣，把牠們變成了小小造絲工廠。我們得意洋洋地穿著牠們的分泌物。

但是蛾的危害也比較大。牠們會吃掉麵粉和衣服，會吃光農作物和花園。舞毒蛾會把森林裡的樹葉吃光光。

蛾在文化上的聯想比較偏負面。和蝴蝶一樣，牠們也代表死者的亡靈，不過牠們的到臨卻沒那麼友善。蛾會帶來厄運，牠們預告災禍，牠們來自陰影中。牠們毛茸茸，顏色灰暗。牠們飛的樣子醜惡，又會自殺式地撲向燭火、燈光和門廊燈。（牠們的複眼可能是看到一處光亮旁邊的非常陰暗區域，而牠們是想要飛進黑暗的區域。）

不妨想一想人面天蛾。牠身上有黃黑色圖樣，重量可以和一隻老鼠相當，在背部上方有個骷髏頭圖案。牠的學名 *Acherontia atropos* 來自希臘文 Acheron（這是冥界一條痛苦之河）以及 Atropos（這是三位命運之神之一，負責切斷生命線）。受到打擾時，牠會發出吱吱叫聲。牠還會用短而尖的吻管刺穿蜂窩的蠟，偷蜂蜜吃。頭顱圖案可能是模擬女王蜂的臉，使工蜂不會攻擊這個闖入者，而蛾的尖銳叫聲也可以進一步使昆蟲鎮定下來。

在電影「沉默的羔羊」中，一個連續殺人犯養了一堆人面天蛾，然後他在被害人喉部放置人面天蛾的蛹。

在一份十五世紀的手稿中，在專寫聖文生的書頁一角畫了一隻人面天蛾。聖文生代表永恆，超越死亡的勝利。

蛾代表永生前的死亡，是復活較陰鬱的一面。

平心而論，蛾很美麗，蛾很複雜。

但是蛾並不是蝴蝶。

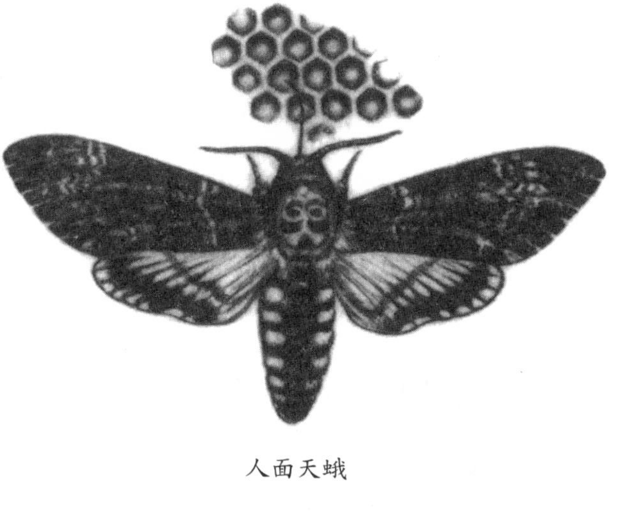

人面天蛾

第十三章　蝴蝶記事

艾爾錫貢度琉璃小灰蝶大半生都在海岸蕎麥簇生的細小花朵中度過。從六月中到八月中，雌蝶每天會產下十五到二十個卵，卵在五到七天內孵化。幼蟲外觀驚人的殊異，從純白到暗黃、從紅色到茶色，圖案是黃或白色線段和V字。這些毛蟲的食物和藏身處都是牠們寄主植物的小花瓣、雄蕊、柱頭、種子和葉片，三齡時牠們會長出蜜腺，還有螞蟻在旁照顧，保護牠們不受寄生黃蜂和其他捕食者的侵犯。單單一隻毛蟲就能在十八到二十五天中吃掉兩三朵花，之後牠會爬下或掉落地面，鑽入老家蕎麥的殘枝破葉裡兩吋深，在秋冬兩季結成蛹。

海岸蕎麥再度開花的時候，艾爾錫貢度琉璃小灰蝶的成蝶就破蛹而出。這隻蝴蝶有一角硬幣大小，雄蝶的背面翅膀是閃亮的銀灰藍色，翅緣是橘黑色有白邊；雌蝶的背面翅膀是棕色，邊緣是橘色。雌蝶會立刻飛到一朵花上，等候一隻巡行飛過的雄蝶。雄蝶發現雌蝶，就會在幾小時內與牠交尾，準時得像是營運良好的公車。在野外，雌蝶會活二到七天，繼續採花蜜、繼續產卵，也努力避開山貓和蟹蛛，每兩百個簇生花就有一隻蟹蛛生活在其中。在實驗室裡，在科學家馬通尼的溫柔照顧下，雌蝶平均可以活到十六天。

雌蝶占據的簇生小花上還會有綠小灰蝶、北美藍灰蝶以及起碼八種以上的蛾。而這些蝶或蛾的幼蟲有時候會吃自己同類。牠們爭搶食物，也會帶有類寄生物，這些類寄生物不斷繁殖，並且終年不停地從一個寄主換到另一個寄主。

其他的甲蟲、蒼蠅、蟋蟀、象鼻蟲和蚊蚋，也對海岸蕎麥各有所圖。這種植物和土壤及流動的細沙也有深厚關係，和附近的櫻草、鹿草、向日葵、羽扁豆及狸藻關係微妙，有好有壞；而這些植物合起來可供應蜥蜴、蟾蜍、老鼠、地鼠、狐狸、貓頭鷹的生計。

艾爾錫貢度琉璃小灰蝶和海岸蕎麥這種親密的、家族的生活，以及牠們多重的親屬和紛爭形式，沒有人知道已經有多久的時間，但是我們可以猜測這種循環已經持續了好幾千年，像一齣受歡迎的連續劇一樣，在漂亮的南加州八哩長的艾爾錫貢度沙丘系統一再搬演。

十五世紀時，美洲原住民走在海邊找尋食物，牠們的手撫過海岸蕎麥，驚起一堆小小的藍色翅膀。西班牙人征服這些部落後，征服者和神父站上這些沙丘；接著，在墨西哥革命後，換成獨立的西班牙印地安混血兒；再後來，美國贏得與墨西哥的戰爭後，就是美國移民。人來人往，永遠是征服別人又被別人征服，永遠靠土地維生。

到了一八八〇年代，牧人早已在沙丘東邊的海岸草原上放牧牛馬和綿羊，而農夫也種上豆子和玉米，取代原有的植物。小小的瑞當多海灘和威尼斯聚落也悄悄伸進沙地。一九一一年，一家石油公司在海邊建造一座煉油廠。

一九二七年，馬通尼生在加州威尼斯市，童年時光多半在比佛利山以北幾哩度過，就像范恩瑞特、納布可夫及無數其他人一樣，是個小小採集家。這是一種運動，和打獵、釣魚等鄉間傳統沒什麼不同：尋找、捕捉、擁有某個美麗的東西。那時候洛杉磯的蝴蝶仍然非常多，馬通尼可以從臥室窗子探出身子，單單在一個樹叢上就捕到六種不同的蝴蝶。

同樣在一九二七年，一架由林白和幽

艾爾錫貢度琉璃小灰蝶

默作家羅傑斯駕駛的飛機，降落在艾爾錫貢度沙丘東邊一條泥土跑道上，該地最後終於被選為該城市的新機場。

一九二九年的股市崩盤和經濟大蕭條減緩沙丘的發展，直到二次大戰後，勞工數目激增，帶動住屋需求。

到了一九五〇年代，一個次級行政區涵蓋了艾爾錫貢度琉璃小灰蝶棲地的大半，又正好位在飛離日益繁忙洛杉磯機場的噴射機航道下方。居民抱怨飛機噪音，聯邦航空署憂心公共安全，而洛杉磯市府同時也買下許多周遭土地。

一九五七年，馬通尼獲得加州大學洛杉磯分校的動物學及遺傳學博士學位。之後他去研究第一枚原子彈爆炸對於新墨西哥州昆蟲數目的影響。日後他還為美國太空計畫進行研究，調查長時間飛行的微觀生態學：低重力與射線中細菌的遺傳及數目動態學。他也教授及研究紅斑青小灰蝶、發展蘑菇商業種植的新方法、將數百種農產品檢測協議規格化，並協助生產三百萬隻不育的棉花粉紅螟蛉幼蟲，以對這種害蟲作生物控制。

一九六五年，警方和非裔美國人社區的爭執，在洛杉磯南部的住宅區瓦茲引爆了一場長達五天的暴動，造成三十四人死亡，千人以上受傷。城市部分地區被燒毀，永遠沒有再重建。

一九六六年到一九七二年間，艾爾錫貢度沙丘的居民和洛杉磯機場之間的衝突終獲解決，八百幢以上的房屋分別被收購和沒收，之後全數拆除。

一九七一年，包納出生，在五個子女中排行老三。他們家不久後就從佛羅里達州鄉下搬到洛杉磯南區，這裡有兩個非裔美國人的幫派「瘸子」和「血盟」，正爭地盤爭得兇。

一九七三年，美國總統簽署一項「瀕臨絕種生物法案」，使之成為法律。這是全世界唯一禁止滅絕其他生物的法律，包括像艾爾錫貢度琉璃小灰蝶這種小而在地的物種。

一九七五年，為了重整一條主要的高速公路，其餘的艾爾錫貢度沙丘有大片地區被挖開、重劃，並且用本地種子使沙地穩固。不幸的是，這些種子是當地一種海岸的鼠尾草，而不是一個沙丘樹叢植物聚落。在重植的草木中也引進了非常容易培育生長的普通種蕎麥，但是這種蕎麥對艾爾錫貢度琉璃小灰蝶的幼蟲有害，更糟的是，普通種蕎麥要比海岸蕎麥早一個月開花，反而供應食物給琉璃小灰蝶的競爭者。在蕎麥的簇生小花上的綠小灰蝶、北美藍灰蝶以及八種蛾，能在一年內繁殖許多世代，而更多的蝴蝶與更多的蛾，也就意謂有更多的類寄生物。

同樣在一九七五年，多虧保育團體成員的努力，「標準石油公司」的「澤克西斯社」同意用圍籬隔出他們在艾爾錫貢度琉璃小灰蝶棲地的一小部分並且加以管理。這是加州第一個正式的蝴蝶保護區。

一九七六年，艾爾錫貢度琉璃小灰蝶在「瀕臨絕種生物法案」下被列為受保護物種。在一九八〇年代初期，這種蝴蝶在煉油廠一又三分之二英畝的地方有大約一千五百隻，而在洛杉磯機場以南的三百英畝土地上的零星樹叢沙丘植物上有約四百隻，這片土地仍然包含查封區的瓦礫碎石。在「瀕臨絕種生物法案」之下，這些土地被建議作為艾爾錫貢度琉璃小灰蝶的重要棲地。

少數幾個人有個更好的主意，要蓋一座二十七洞的高爾夫球場。

一九八二年，六年級的包納在一場械鬥中向空開了一槍，幫了一個「瘸子幫」的成員。瘸子幫暱稱這男孩「包布」。

一九八三年，洛杉磯城市規劃部將高球場企劃案送交負責管理加州海岸發展的海岸局。到這時為止，該市已經舉行過八次公聽會，各方都有代表發言，有人主張其餘沙丘全面開發，有人主張部分開發，有些主張零開發。

誠如一位記錄者指出，艾爾錫貢度琉璃小灰蝶「變成一個合適的團結目標」：蝴蝶是精神成長的指標，在人類的眾多測試之中，蝴蝶決定我們在歷經輕率、貪婪、無情的慾念後是否能生存下去，而這樣的生存是否值得，蝴蝶就代表了人類與自然界的關係。

一九八三年，馬通尼和一些人宣布附近一種蝴蝶帕洛斯維德琉璃小灰蝶正式絕種，牠的棲地距離艾爾錫貢度沙丘有十二哩。最後這幾年，馬通尼兩隻手就數得出他能找到的成年帕洛斯維德琉璃小灰蝶數目：六隻、四隻、七隻、零隻。

一九八四年，包納輟學去販毒、偷車。

一九八五年，海岸局拒絕一項機場官員倡議的計畫，這項計畫是要建一座二十七洞的高球場，另外保留八十英畝土地作為艾爾錫貢度琉璃小灰蝶的保護區。海岸局倒是命令機場要保護並研究蝴蝶，而且立刻開始。機場管理委員會給馬通尼一小筆研究補助金，要使蝴蝶數目穩定下來，並展開一項針對這三百英畝區域的生物調查。

這項研究將會確認出十一種新的植物和動物，這些生物是沙丘所獨有，而且也受到非原生物種競爭的威脅。牠們包括艾爾錫貢度巨大愛花蠅、聖地牙哥角蜥、艾爾錫貢度棘狀花，以及艾爾錫貢度沙螽。

「高球球友的壞消息」，當馬通尼將他的結論公諸世人，謂該地區不僅是瀕絕的艾爾錫貢度琉璃小灰蝶的主要棲地，也是牠唯一的棲地，同時也是其他物種的「多樣性熱點」時，當地報紙頭條這麼寫著。

一九八八年，十七歲的包納在長子出生當天坐上開往州立監獄的巴士，因為他朝一名警衛的臉上開槍。

一九八九年，當地一個環保團體「綠色狂想曲」的志工，在艾爾錫貢度沙丘推動一項重大的復原計畫。每隔兩個周日，來自洛杉磯各地的男男女女都會帶著垃圾袋、手套和耳塞前來這裡，把像硬雀麥、冰葉日中花、刺槐以及普通種蕎麥等外來入侵的植物挖出，換上艾爾錫貢度琉璃小灰蝶的寄主植物海岸蕎麥。有些日子裡，還可以看到頭戴太陽帽的馬通尼在指揮眾人。

在幾年間，沙丘的部分地區看起來就像「它原本就該有的樣子」，馬通尼此刻說。艾爾錫貢度琉璃小灰蝶的估計數目已經增加到三千隻。

一九九一年，洛杉磯市議會決議沙丘系統的兩百英畝要永久保留。馬通尼從加州高速公路維護基金中獲得四十三萬美元款項，主持復原事宜。

一九九二年，「瘸子幫」和「血盟幫」依一九四九年聯合國中東合約議和。

一九九三年，包納出獄，他已經決定他的新目標要遠離是非，作個好父親。他的兄弟建議他加入洛杉磯「環境保護團」，這個組織以極低的工資雇用城中區家貧青年，從事南加州的各種工程計畫。包納接受這個工作，被派去清掉洛杉磯機場後方的樹叢。這裡有一道鐵網圍籬，圍住一片沙地，還有一塊牌子，宣布這裡是「艾爾錫貢度琉璃小灰蝶棲地」。

後來，包納問他旁邊的人，怎麼會有人用一道鐵網圍籬就關住一隻蝴蝶。馬通尼回答說，蝴蝶會離牠們的食物和寄主植物很近。他還給包納幾本關於這方面的書。很快地，包納就開始每隔兩個星期來擔任志工。

一九九四年，馬通尼在帕洛斯維德半島一小塊屬於美國海軍的土地上展開一項昆蟲調查。附近推土機上的工人正在更換地下管線。馬通尼看到一個小小的藍色東西咻地一聲飛過，他一把抓住，手裡是一隻帕洛斯維德琉璃小灰蝶。

帕洛斯維德琉璃小灰蝶的幼蟲一生中大半時間都在紫雲英豆莢裡度過，以富含蛋白質及脂肪的種子為食。牠們在豆莢上挖一個小洞鑽進去，之後螞蟻也會進來保護幼蟲，換得一段快活時光、一點蜂蜜、也許一首歌或是一點費洛蒙。幼蟲也會生活在鹿草的簇生花中，並且吃它。成蟲會在一月底到三月間紛紛破蛹而出，四處飛舞約達五天的時間。寬有一吋的雄蝶有典型的白邊亮藍色翅膀，而雌蝶是棕藍色。二者的翅膀腹面都是淺灰色底，上有白邊黑點。

馬通尼像是汽車警報器一樣，立刻對著推土機工人大叫：「各位，你們必須停下！」後來他回想，「他們都相當客氣。」然後他打電話給「美國漁業及野生動物署」。一個已絕跡的物種重現世間，約有兩百隻琉璃小灰蝶在樹叢和政府油料庫的儲存槽之間存活。

掌控美國境內兩千五百萬英畝土地的國防部，對於「瀕臨絕種生物法案」有深刻認知。有些生物學者認為這些通常十分廣闊的軍事基地是無心造成的「方舟」，它們都受到嚴密的保護，不讓民眾進入和大眾使用（例如放牧），因而是一百種以上受威脅和瀕絕生物的家園。

海軍迅速回應。他們與馬通尼合作，監管蝴蝶的數目，也在原地蓋了一座小實驗室，培育帕洛斯維德琉璃小灰蝶，再放回野外。同時他們也開始清除非原生植物，重新建立起超過三十種歷史悠久的植物，包括紫雲英和鹿草。

「重新種植植物是關鍵，」馬通尼說。「只要解決了植物問題，就解決了蝴蝶的問題。」

那一年的後來，馬通尼雇用包納在新建的帕洛斯維德實驗室全職工作。最後包納負責重新種植海岸鼠尾草聚落，並飼養捕捉到的蝴蝶。

一九九七年，馬通尼和包納雙雙獲得「國家野生動物聯盟」頒發的「自然保護特別成就獎」。

在不同的生平敘述中，包納通常會這麼說：「我挽救這些蝴蝶，不讓牠們絕跡，而牠們也拯救了我。」

「在我科學家生涯裡，在我做過的所有工作中，」馬通尼說，「我在沙丘做的這個工作是最重要的。」

到二〇〇三年，艾爾錫貢度琉璃小灰蝶的估計數目約有一萬五千到五萬隻，馬通尼擔心蝴蝶棲地進一步的復原工作沒有做好，非原生物種又偷偷長回來了，不過艾爾錫貢度琉璃小灰蝶和帕洛斯維德琉璃小灰蝶現在總算有個家了。

包納仍然在帕洛斯維德實驗室工作，並且會帶城中區孩童從事田野旅行，他們會去觀察毛蟲、觀察蝴蝶。有些孩童你要費盡唇舌才能說動他們，因為他們很難相信一種東西會變成另一種東西。

這是你們的家，這是洛杉磯，包納告訴他們，每天都有像這樣的奇蹟發生。

第十四章　蝴蝶帶來的商機

蜜麗安很精準聰明地寫道：「你必須親眼去看珠帶魔爾浮蝶的驚人燦爛，那像是一小片晴空在漂浮，然後關於牠忽上忽下、閃閃發亮的飛行及現身的碧藍瞬間等等的描述才會深深打動你。我們知道，聊朋友的閒話可以理解，但是聊陌生人的閒話卻是令人難以置信的無趣。」

德佛瑞說捕蝶人的一項伎倆是，當一隻魔爾浮蝶飛過頭上時，若你在空中揮動一條藍色絲巾，雄蝶會飛下來探查，但雌蝶卻不會理你。可能是這鮮明的藍色雄蝶會占據地盤，因為有別的雄蝶入侵而感到不悅。

晃動的絲巾雖然是蝴蝶的誘餌，用來形容藍色魔爾浮蝶倒相當貼切，不過捕蝶人仍然捕不到標本。魔爾浮蝶在飛行時雖然看起來懶洋洋，卻能夠突然彈升空中，像是氣球被繩索扯離，或是被風捲起的葉子。對一個拿著捕蝶網的人而言，機會是不會有第二次的。

我在哥斯大黎加看到的第一隻魔爾浮蝶，正在加勒比海旁邊的低地雨林裡一條河上巡行。牠看起來果然很像是撕下來的一小片天空，我幾乎以為會看到空中出現這逃脫蝴蝶留下的兩隻翅膀的身形輪廓。

魔爾浮蝶的背面翅膀顏色會因種類不同而從藍到紫到白色不一。雌蝶通常比較土褐色。腹面翅膀圖案總是比較神祕，有棕色和乳黃色的圖案。腹面翅膀的眼紋可以是另一種防禦，就像牠那種古怪的飛行一樣。除此之外，蝴蝶界中以大膽顏色來宣示自身有毒性、不好吃的規則，在顏色燦爛的魔爾浮蝶身上卻不適用，這些蝴蝶連帶牠們的幼蟲和蛹，都很容易被鳥吃掉。

任何魔爾浮蝶的燦爛都是構造上的，是一種光的閃動效果，就像天空本身。

我可以在哥斯大黎加一家禮品店裡用二十五美元買到一隻用針插著的魔爾浮蝶標本。網路上一對珠帶魔爾浮蝶要價一百一十九美元，加上運費。亞洲某種鳥翼蝶是一千美元。全世界收集蝴蝶的銷售量超過一億美元。

在某個網站上，販售的蝴蝶不是按照種類組織，而是依照顏色。我相信我的魔爾浮蝶放在附贈的灰藍色立體畫框裡一定襯得更漂亮。

蝴蝶的商業化，在蝴蝶保育方面不見得是個問題，有時候甚至還有幫助哩！

托圖革羅是哥斯大黎加境內位於加勒比海海岸一個約有六百人的村落。這座昔日依賴捕魚和伐木的村莊，如今被國家公園和保護區包圍，主要經濟是觀光業。居民多半在度假小屋工作，或是駕船載運觀光客漫遊天然的水道網。進入托圖革羅沒有陸路，只能走水路。

哥斯大黎加全國的主要經濟都是觀光，而由於全國土地的百分之三十都受到不得開發的保護，所以其觀光業可以稱作生態觀光業。到哥斯大黎加觀光的人要看雨林、雲霧林、火山和海灘，而在這些景觀當中，他們想要看到美洲豹、猴子、巨嘴鳥、鸚鵡和魔爾浮蝶。他們要住在旅館裡就觀賞到生物的多樣性。

在美國人討論如何運用天然資源之際，比如我住的城裡就有某個保險桿上的貼紙寫著：「不可以吃風景」，但在哥斯大黎加，他們就是這麼做。

烏龜就是很好的例子。托圖革羅附近的海灘是瀕絕的赤蠵龜、玳瑁、革龜以及綠蠵龜的主要棲息地，村民曾經捕食這些龜肉和龜卵。而今天，同樣的村民卻保護這些烏龜，他們有夜間旅遊團，讓觀光客參觀一隻三百磅重的革龜在沙地上挖坑做窩。各界都大力推薦遊客及早在烏龜產卵的季節，到這裡的旅館和度假屋訂房。

羅斯是加拿大人，九年前來到這裡管理「科羅拉多沼澤野生動物保護區」的一個生物田野研究站。他娶了一個哥斯大黎加人後，現在在托圖革羅開設一家民宿。兩歲的女兒坐在他大腿上，妻子和才出生九天的兒子在房裡。托圖革羅河河水在幾呎外流動。

羅斯的民宿後面、天主堂的後面、往右過了商店，就是援助機構一直想在村子裡建立的蝴蝶館。初期費用已經蓋了一棟小房子，還有用鐵絲網圍起的一個小院子。在圍起來的這個地方已經種植、帶進植物和花蜜來源。

這裡的理念是要讓魔爾浮蝶、紅帶毒蝶和鳳蝶這些主要蝶種在一個小空間裡飛翔。觀光客付幾塊錢，走過一扇門，就可以輕易看到這麼多的蝴蝶，如此貼近觀看牠們眼紋的閃動、看牠們伸出吻管、吃著腐爛的水果。

全世界有五十座較大而類似的蝴蝶館，多半在歐洲和美國，受到當之無愧的歡迎，因為它們能百分之百提供它們允諾的——詳細觀察、貼近觀賞以及親身感受這些飛舞的花朵。在蝴蝶館裡，你就是貝茲，你也可以和華萊士一樣，在捕捉到一隻特別的鳥翼蝶時，體驗到「一種強烈的興奮」，你的心臟狂亂跳動，血液直衝腦門，之後一整天都感到輕微的頭痛。

此外，托圖革羅的蝴蝶館也計畫培育蝴蝶，售出蝶蛹並且向當地的養蝶人購買蝶蛹，這就是蝴蝶養殖。由於蝴蝶的生命很短，全世界主要的五十座蝴蝶館經常需要補充新貨，而這些蝴蝶館多半隸屬於動物園或自然博物館。在托圖革羅，尤其還要供應「多倫多動物園」的蝴蝶館，該動物園是這個計畫的支持者之一，如此一來，羅斯說，「就成為一個良性循環了」。

在托圖革羅，蝴蝶館和農場不太從事蝴蝶畜養，這是一種經濟體系，住在野地邊緣的人種植寄主植物和花蜜植物，誘使蝴蝶從天然棲地飛來。由於蝶卵和蝶蛹受到照顧和保護，蝴蝶存活的數目要比平常多。對畜養者而言，野地現在是放養蝴蝶的來源，也是他們收入的來源。

蝴蝶畜養在巴布亞新幾內亞最為成功，該國政府對畜養和採集都有規定：只向巴布亞新幾內亞的村民購買蝴蝶、維持相當高的蝴蝶價格、保護受威脅及瀕臨絕跡的蝶種。政府每年都會販售蝴蝶給收集者、科學家、藝術家和蝴蝶館。以村莊為單位的蝴蝶畜養，現在已經展開人氣商業物種的畜養，例如天堂鳥翼蝶。

巴布亞新幾內亞仍然擁有大片原始雨林，該國也是全世界唯一憲法指定蝴蝶是一項天然資源的國家，而這些或許都不是偶然。

在肯亞，有一項蝴蝶畜養計畫可以說和重要的「阿拉布可－索科可保護區」的保存有直接關係。十年前，保護區周圍的地主有百分之八十三希望至少開墾部分森林，供伐木和農業之用；超過半數的地主更希望把整座森林都砍掉。這些農夫幾乎全部都很貧窮，日子都快過不下去了。今天，由於蝴蝶畜養者的每個蛹可以賺一塊錢，同樣這些人靠野生鳳蝶和吃水果的非洲雙尾蝶賺的錢，比他們種植芒果、椰子和腰果三種作物的收入還多。最近一項調查顯示，當地村落現在只有百分之十六的人想要毀掉森林。

托圖革羅的蝴蝶館最後可能成為「哥斯大黎加昆蟲供應公司」（簡稱CRES）的一種版本，CRES位於首都聖荷西附近，是哥斯大黎加最大的蝶蛹出口公司，也是世界上數一數二的蝶蛹出口商，平均一星期出口六千個蝶蛹到世界各地，從布達佩斯動物園到休士頓自然史博物館。公司雇用約六十名養蝶人，這些人多半住在聖荷西周圍的鄉間，以家庭方式在自家院子裡養殖蝴蝶，還有一小部分的人是畜養蝴蝶。養蝶人會把產品送到中央區，蝶蛹就被送進一樁營運效率高的生意中，辦公室裡的員工忙著收貨、分類整理、包裝、核對貨主和內容、檢查有否疾病、檢查有否黴菌、確認出口必要的文件。CRES也有自己的蝴蝶館「蝴蝶農場」，每年都有成千上萬的人參觀。

該蝴蝶館有特別的要求，你必須熟知蝶種的生態和行為，且館內的蝴蝶必須鮮豔搶眼，飛得平順，不會去撞上玻璃，或是想飛到天花板，跳一個垂直上升的求偶舞，最好牠們會停在樹葉上面，而不是躲在葉片下。如果牠們能活幾個星期，那也很不錯。

不論是養殖或是畜養的養蝶人，也一樣需要有已知寄主及花蜜植物的蝶種，而且牠們也要相當強健。牠們的幼蟲不能太會吃，一夜之間就吃掉一座花園；蛹也不能太纖弱到無法適應遷移和溼度。

在哥斯大黎加，像這樣適合出口的蝴蝶就剩下六十幾種。蝴蝶館以二到四美元一隻的價格購買蝶蛹，CRES的養蝶人每個月可以賺五百美元，這是相當不錯的薪資，而非常勤快的養蝶人更可以賺到五倍高的薪資。

「養蝶人不是造就出來的，而是天生的，」CRES的老闆說，「這需要有特別的興趣、推動力、敏銳的感覺，和辛勤工作的倫理。這種工作是從早到晚的。你必須到戶外監視蝶卵、處理螞蟻的問題、防範寄生蟲和捕食者。我的養蝶人大多數是自學的，主動又有熱誠。」

CRES的老闆是美國人，也是「和平工作團」的前志工，在一九九一年受到舒馬赫的《美麗小世界》啟發，而展開他的事業。美好事業的幾項要件是：必須是永續的、必須運用適當科技，而且必須是怡情的。

托圖革羅計畫就恰恰適合這些美好的範例。羅斯強調這計畫如何會以細微而無形的方式融入村中的生活。他已經預見到高中生經營這家蝴蝶館：他們學習英語以便和觀光客交談、學習經營生意以及學習基本的生物學。其實，羅斯有興趣的不是這項事業，而是聚落。他希望給當地人「多幾種選擇，把他們從一種慣常的生活中拉出來，幫助一些孩子更有自尊。」他是謹慎的樂觀者，在頭幾次的失敗後，包括最近的一場火災，托圖革羅的蝴蝶館即將恢復。

我們注視小孩子的時候都不直視，因為不想驚嚇或是打擾他們。我們試圖不將目光迎向他們那坦率而著迷的凝視。羅斯兩歲大的女兒一隻手放在他襯衫上，不再吃奶的小娃娃都會有這種熟悉的動作，仍喜歡貼著父母胸前的那種舒適感。二〇〇一年，托圖革羅有四十五個嬰兒出生。羅斯也告訴我這裡的學校體制，說他們如何努力想讓村子裡再有高中，說很少有孩子書讀到高中以上。我們離開以前，我還去看了剛出生的寶寶。

和貝茲一樣，我也得出這樣的結論：「單單自然的冥思並不足以填滿人的心靈。」因為這個理由，我帶了我十七歲的女兒一起，在我和羅斯交談時，她很有耐心在一旁坐著，注視著緩緩流動的暗色河水，對著某個隱密的念頭露出微笑。她拿出素描本，在上面畫著花朵。她的在場，單單她，就是個安慰。

我們從托圖革羅坐船回到「科羅拉多沼澤野生動物保護區」內的生物田野研究站。這裡是我們簡單的住處。現在的經理是一個年輕人，他警告我們要去戶外浴室時一定要帶手電筒，因為那裡是夜間出沒的矛頭蛇最喜歡的地方。矛頭蛇是一種身體很長、棕色的毒蝮蛇，見到人不但不躲開反而衝向你，而長長的棕色巨蝮毒蛇也一樣。

我們要出去散步時，經理告訴我們不要去觸碰某些樹，這些樹上可能會有珊瑚蛇，牠們的嘴很小，所以多半會咬下人類手指頭之間的鬆皮。我說在這座雨林有一種蝴蝶蛹就演化成一種響尾蛇科毒蛇小虫奎蛇頭部的擬態，有假的鱗片、凹坑和細長眼睛，經理並不驚訝，還說在他在這裡的一年裡只把一名觀光客送到醫院。

我們現在走的路是涉過及膝深的水，偶爾這些水還會漲到我大腿的高度。這條小徑因附近水道經常下雨漫出而淹水，由於這種情形非常普遍，所以人們就在此路的兩旁，以紅旗子綁在棕櫚樹身的人眼高度處，以便在淹水時能識別出這裡有路，而這些紅旗子彷彿就像天空的飾帶一般。雨林中的視野總是熱鬧，這座雨林裡滿是棕櫚葉、蕨類植物和黑色水波。隔段時間，我就會被一根水裡的樹枝絆到，我女兒也是。

下午非常熱，非常悶。一群飛蚊評估著我們之前匆忙塗上的防蟲藥膏。在一塊比較乾的地上，我們停下來觀看一隊行軍蟻，這是一群張著大顎的大塊頭軍蟻。經理有一次看到這些螞蟻大隊走過他的田野研究站，像是一條會波動的三呎寬的路，穿過廚房、辦公室和開放式餐區，把地上我曾注意到的所有甲蟲吃光光，使得研究站裡乾乾淨淨。在這段時間，經理就到水道對面的小屋裡去。

行軍蟻幾乎會吃掉所有路上行動緩慢的東西，但是牠們卻會繞開貓頭鷹蝶的幼蟲，因為牠們會從頸部腺體放出一種化學防身劑。貓頭鷹蝶幼蟲的最後一齡身體巨大，又長又胖又兇，重達半公斤以上，頭部的被膜突起成為八隻粗短的角，最大的兩隻角誇張地往後彎，像是大角羊的角。這些幼蟲會集體進食，不會同類相吃，在細小的一齡幼蟲旁，最後一齡的幼蟲無異溫和的巨人。

成年的貓頭鷹蝶長達三吋半，是哥斯大黎加最大的蝴蝶，下方後翅上那兩個不會眨動的眼紋可能是模擬捕食者，或是在捕食者攻擊時作為欺敵的假目標。

在這座暗黑的雨林中，生物田野研究站周遭的空地卻是陽光充足、空間寬敞，還有許多花朵。其實這裡已經變成了一處蝴蝶館，蝴蝶四處飛舞。從我房間開著的窗子，我和女兒可以觀看蝴蝶的飛舞，有藍灰兩色的貓頭鷹蝶、黃黑色的鳳蝶，以及聰明的毒蝶，牠們黑色的翅膀上有橘色和紅色的橫條。

如果我們住得久，我們還可以為沿路探訪花朵的紅帶毒蝶計時，這種蝴蝶像送信的信差一樣規律。我們可以找尋一處夜行的紅帶毒蝶的棲地，小心避開矛頭蛇。我們可以抓一隻雌的紅帶毒蝶，看牠如何伸出氣味棒，這是牠生殖器附近一個小小的芳香腺體。由於處女蝶的腺體沒有什麼味道，吉伯特相信這氣味是雄蝶在交尾時傳給雌蝶的一種抑情素，是一種「不得進入」的告示。

然而我們待的時間不夠久。田野研究站有許多驚喜：一朵蘭花開了、一隻發亮的蛾、一隻美洲豹的腳印。但是並非所有的驚喜都是好的，包括布滿女兒兩條腿和背上的幾百個蚊子咬的包。

一九三〇年代有一名捕蝶人齊斯曼，她會前往像巴布亞新幾內亞這種遙遠地方，當地報紙還頗不以為然地嘆道：「六十八歲婦女在森林遊盪！」在一次冒險中，齊斯曼女士承認她「因為一件不幸事件」衝出營地，「因為我在茶壺裡發現一隻水蛭。茅屋裡是沒有什麼水蛭的，但是牠們不時會因為我們無意中帶進來而出現。這隻是玳瑁圖樣，使牠看起來更討人厭，又肥又光滑。我突然想到，只有白癡才會待在任何一個茶壺裡有水蛭的地方。在這件事情發生後，只有超人才會繼續待下去。」

我和女兒發現了我們的「茶壺裡的水蛭」，之後我們就離開生物田野研究室，尋找更多數量和種類的蝴蝶：北方山區的透翅蝶、太平洋海岸的蜆蝶、鮮紅的黑緣紅小灰蝶和有斑點的黃色數字蝶，這些是有方格、渦紋圖樣及長尾的蝴蝶，沒有俗稱，所以只能引發如「紫蝶！」或是「青綠蝶！」的叫喊。

顯然我們要的是有旅館為背景的這些東西。一九五一年，有十幾個美國教友派信徒家庭開車離開美國，找尋一個沒有徵兵的國家。哥斯大黎加在數年前已經取消了軍隊，之後的總統還贏得諾貝爾和平獎，於是這些「教友們」就這麼安樂的在哥斯大黎加的山城蒙特維德定居下來，開展酪農和乳酪製造業。他們騰出部分土地作為自然保護區，日後擴展成私人的「雲霧森林保護園區」，這是面積兩萬六千英畝的原始熱帶林，經常被低低的雲層籠罩。其他的私人保護區，包括三萬兩千英畝的「兒童永久森林」，與一座國家公園相連，成為一大片的保護區。

蒙特維德是生態觀光客的一個重要景點。有些地主如今發現大自然業獲利很高，而讓他們的咖啡和香蕉園再回復成為次級雨林，提供白天和夜間參觀團。我和女兒就參加了一個有導覽的「拂曉漫步」八人團，當我們手裡拿著手電筒參觀休息的蝙蝠和切葉蟻的窩、尋找半馴養的南美浣熊、捲尾豪豬、樹蛙、睡著的鳥、睡著的蝴蝶時，我們這團老是和其他四個八人導覽團遇上。

我們的導覽員感到有必要示範一種敬意。「請注意我的聲音，」他低聲說，「在進入森林以後就變了。」之後，當我們無法看到捲尾豪豬時，他提醒我們說，人生是無法預測的。確實，他說，「人生是一場旅遊。」

我的拂曉散步要價十四美元。進入蒙特維德的雲霧林要十二元，導覽每人另收十五元。另一個私人保護區有高空步道和高空飛盪，前者是在森林樹木上方的一串吊橋，後者是遊客身上綁著繩索在空中飛盪。你可以選擇單項，也可以兩者都參加，共四十五元。「聖愛蓮娜保護區」的門票是十二元，部分收入捐給當地高中。走「兒童永久森林」的小徑是七元，這裡有一座很棒的蝴蝶館，由一位美國生物學家成立並經營，門票也要七元。

當然，每一座公園、每一個保護區、每一個蝴蝶館，都有禮品店。

有些蝴蝶是跟著雲霧林一起的，通常我會看到透翅蝶，長一吋多，翅膀像玻璃片，有棕色的邊。這些蝴蝶低飛在樹頂間，到我們眼睛的高度，一閃一閃，忽地就不見。雄蝶會到藍色的紫苑草吸取化合物，成為一種費洛蒙，用來吸引雌蝶。雌蝶輕快飛舞，一下子看見，一下子又不見，在陽光下隱身、產卵。

哥斯大黎加人稱透翅蝶的蛹為小鏡子。我女兒在蒙特維德的雲霧林裡掀起一片樹葉，我們看到六個明亮的蛹在跳動，都忍不住大聲驚嘆。

和烏鴉一樣，我們都被閃亮的東西吸引，也想把這些帶回我們的窩裡。

這座雨林裡的樹木用其他植物、蘭花和蕨類以及無數藤蔓粧點得過度熱鬧。樹木滴下雨水，落下青苔，葉片閃閃亮亮，到處是炫光和陰影。對於毛蟲和蛹來說，這裡的競賽和其他任何地方一樣：藏在光天化日下，扮成別的東西。

有一種黑色和橘色蝴蝶的幼蟲會假裝成被青苔覆蓋的細枝，其他蝶種的幼蟲就更大膽了，牠們會模擬青苔和枯葉。有些毛蟲會製造糞鍊，移動牠們的排泄物，以混淆捕食的螞蟻，這些螞蟻會避開細長的成束植物。許多幼蟲會使用「反隱蔽」，較淡色的腹部可以幫助牠們隱入背景。

只有少數毛蟲會存心凸顯自己，豎起黑色的刺毛。這些刺毛會讓捕食的昆蟲及任何和劇毒蛾的幼蟲打過交道的哺乳動物或蜥蜴死心。白面猴會避開即使稍有些絨毛的毛蟲；而松鼠猴為了對付牠們，必須經過複雜的除刺毛過程。

我們走的小徑通往一處可以眺望原始雨林的地點，可以望見樹木的頂端。在我下方的山坡，有深淺不一的粉紅色鳳仙花、三角形紅黃兩色花苞的蠍尾蕉、白色的水芋、百香果蔓藤以及吸引雄透翅蝶的藍色紫苑草。蜂鳥閃現著紫色喉部或是綠胸，吸著花蜜。偶爾一隻俗稱「尖叫的守門鳥」的尖喙鬚鴷會發出一陣金屬一樣的警告叫聲。一隻小小的魔爾浮蝶逃離天空。

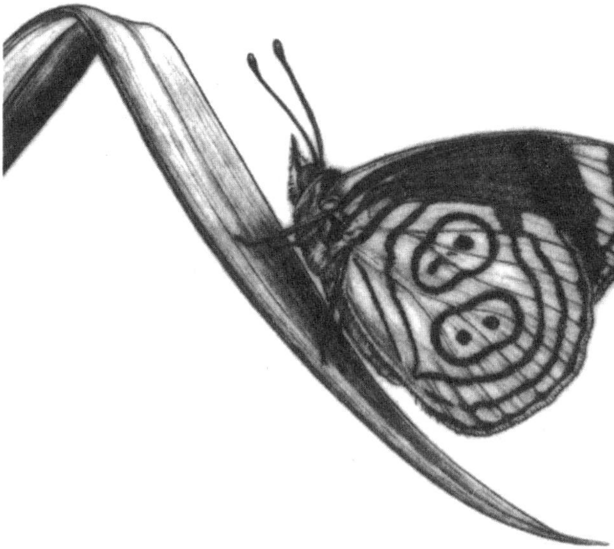

88 蝶

大自然的商業一路到達這裡，這片連綿不絕的蠻荒之地。它之所以在這裡，只是因為人們要它在這裡。哥斯大黎加境內的保護地所占比例之高，為全中美洲之冠，而哥斯大黎加森林砍伐的比例之高，在中美洲也是數一數二。這些全是因為商業買賣：你賣的東西、你買的東西，以及你願意付出多少代價。

教友派在蒙特維德仍然相當有勢力，擁有幾座飯店和餐館，也仍然經營一間乳酪製造廠。他們辦了一所另類學校，從幼稚園到十二年級。他們也在每星期三和周日在聚會所舉行靜拜。我是教友派信徒，一直期盼參加這個聚會。聚會是上午十點開始，一群共十五人的男女老幼坐在一間木屋裡的長椅上，唱著傳統歌謠。十點半，靜默開始，孩童離開去參加一種類似主日學的活動。有更多成年人加入，坐下來，全都不發一語。

我在新墨西哥州銀市的教友派聚會也有靜拜，這是一項傳統，教友們坐在那裡等待好事發生，也就是等待上帝或是我們稱作「光」的那位，讓我們感受到祂的到臨。這當中沒有講道，也沒有儀式。信眾成員只在感受強烈召喚時才起立或是發言。大多數時候都只有靜默，大多數時候我們只是坐著等待。

人的心思很容易四處飄蕩，我已經提前想到教務會議了。下次聚會時的這個會議我將無法參加。因為教友派教會沒有支薪的領導人，我們的組織工作絕大部分要仰賴委員會。教務會議會很乏味，雖然它原本也是供聚會禮拜的。在委員會的報告越來越長、討論的問題瑣碎到我們想要站上木頭椅子大喊時，我們都應該記住這一點，等待「光」的聚會和教務會議本該是同一件事。

這和大自然的生意有些相似處。

生命是一場旅遊。

在美國，蝴蝶的生意包括商業農場，專門養帝王蝶供特殊場合放飛，例如結婚典禮。花上六十五美元加上二十五元的隔夜運費，就可以買到一打立刻可以飛的帝王蝶。農場也出售教具給學校和教育人員，每間教室可以有一把姬紅蛺蝶的幼蟲，以及幼蟲的食物。學童可以觀察毛蟲吃東西、長大、蛻皮、成蛹、變成蝴蝶。

這其中的爭議是關於蝴蝶的放飛。大多數科學家對加州的姬紅蛺蝶和愛荷華州的姬紅蛺蝶混種感到震驚，他們擔心會有疾病，也擔心蝴蝶數目不自然的混合。他們形容這種放飛是「生態污染」，就美學觀點而言也很不令人滿意。

商業養蝶人的答覆是，他們有防範疾病的措施。對於少數放飛的蝴蝶會影響野生蝴蝶數目的說法，他們也不以為然。他們說這是一個美好的生意，能夠幫助師生，並給人帶來喜悅。

目前在美國，聯邦法律允許運送九種在其天然生長範圍內的蝴蝶過州界，這些蝴蝶中最常見的是帝王蝶、姬紅蛺蝶、美洲姬紅蛺蝶及紅帶蛺蝶。

二〇〇一年，一家商業農場運出八萬兩千隻的帝王蝶和蛹，費用是每個蝶蛹三塊半、每打蝴蝶九十五元。這些帝王蝶裡有三萬六千隻是在婚禮中放飛的。

一直到我們在哥斯大黎加的最後一刻，一直到我們走在通往飛機的舖著地毯的大廳時，我都還在尋找88蝶，即白帶渦紋蛺蝶。這種蝴蝶名稱來自白底腹面翅膀上的明顯棕橘色88數字圖案。88蝶的生活範圍北可達德州南部，牠被認為具親人性，會飛進人類住家，還會好奇得被人類頭髮和衣服所吸引。相關蝶種會有其他數目，例如69、68或89，以及黃、紅、藍、藍綠和橘色的條紋和圓圈圖案。

德佛瑞指出，這種蝴蝶通常被像畫一樣裝框，或是外覆塑膠，做成裝飾的餐盤墊、杯墊和餐盤。聽後感到不安的我們或許該要記住，人類一向喜歡拿大自然的物品做成裝飾，從貝殼鈕扣到插在我們頭髮上的羽毛。

在哥斯大黎加，要是有一隻88蝶或89蝶飛進你家，就是天大的吉兆，可以馬上跑去買彩券！

第十五章

我們為什麼愛上蝴蝶？

我們為什麼愛上蝴蝶？

我們的快樂通常似乎深植在童年，眼前飛過的那對翅膀就是美。如果沒有人不經意地說這種事無足輕重，說美只是件瞬間消逝的事，說蝴蝶的美麗太短暫、太脆弱，沒有什麼用處，說美不是力量，我們就很幸運了。

無論如何，如果我們注意到世界上所有的美，我們會變得怎麼樣呢？向日葵會使我們停步路途中，雲層翻騰的天空會耽誤我們好幾小時。我們永遠到不了學校、永遠上不了車。

如果我們童年時有很好的聽力，無時無刻都能聽到自然界每個角落裡的美與愛，聽到自然界那種無所為而為的聲響，我們是很幸運的。

即使我們只在一瞬間能感受到那種不同身分的徹底交換，我們也很幸運。如果我們能像從一間房走到另一間房那麼自然地穿過祕密的次元，我們更是幸運。

沒有幾個人會說童年是一段單純的時間或是一段安全的時間。當然，蝴蝶之事可不是關於安全或是逝去的快樂。

我們長大了，懂得佩服那裝了一肚子黏黏汁液的毛蟲，牠體內的血像是滴答走動的時鐘。我們看著牠在一個危險的世界裡爬行，我們了解牠的兇猛、牠欺騙的必要。不論我們有什麼樣的宗教信仰，我們都會接受「變態」這種奇蹟，也就是一樣東西會變成另一樣東西。

褐斑蝶脫蛹而出，燦爛、令人心碎。我們追蹤牠那短而執著的幾天生命過程，直到牠顏色褪去、翅膀脫落。現在我們掀起樹葉，尋找蝴蝶卵。

我們已經知道，美和安逸無關。

身為人類，我們會探索謎團：性器官長眼睛，鳳蝶有記性，演化會閃躲，避開蝙蝠，蝴蝶在翅膀上演化出耳朵，翅膀會假裝成頭。

演化大方地展現自己，表現在這麼多的形式中，而我們也對之神往，想知道牠們全部、想要擁有牠們全部，將牠們一一整理好。就像我們神話裡的神祇，我們將世界上的生物一一命名：一字蝶、喪服蝶、銀星豹蛺蝶、大型小灰蝶（Great Copper）、淡黃粉蝶、美東角紋蛺蝶、雙色黃紋蛺蝶、天堂鳥翼蝶、帕洛斯維德琉璃小灰蝶、黑點粉蝶、南方花綵蝶、大陸小紫蛺蝶、天狗蝶、黃粉蝶。

我們把牠們放進抽屜，把牠們掛在牆上。

我們可以把一生花在數蝴蝶數目上。

我們為什麼愛上蝴蝶？

我想我們對於顏色有生理反應。

花朵演化出顏色來吸引蜜蜂、蜂鳥和蝴蝶，因為花朵一心一意想要接受和送出花粉。「來我這裡」，花朵叫喚著。黃色是語言，紫色是廣告。

動物也使用相同策略。「看」，長臂猿說，「我有個藍色的大屁股」。孔雀展開牠那滑稽的尾巴。

顏色也可以警告。紅色漿果很難吃、金色甲蟲有毒。

愛與懼。吸引與討厭。在雨林眾多的綠色棕色、在單調的針葉樹和草原青草、在淡彩的沙漠中，這些全代表某些意義。顏色是一種驚嘆，我們從前就明白，至今仍然在運用。把目光從這一頁移開，你就會看到顏色，不是綠色和棕色，而是紅色的可樂罐子、橘色的壁紙、粉紅色洋裝、紫色髮梳。來我這裡！買我！

習慣被聲光刺激包圍的我們，對於姬紅蛺蝶的振翅、對於藍色魔爾浮蝶，仍然會有反應。

作家迪拉說，「我們教孩子一件事，這也是別人教我們的，那就是醒來。」蝴蝶讓我們醒來。

我們是說故事的動物，我們加上一個故事，加上一千零一個故事。

一隻蝴蝶是一個虛榮女人，是個藝妓，是個善變的情人。

兩隻蝴蝶代表婚姻幸福。

四隻蝴蝶代表惡運。

紅蝴蝶是女巫。

蝴蝶是造物主，飛遍世界，尋找人類可以生活的地方。

夜裡，蝴蝶為我們帶夢來。

稻米有蝴蝶的靈魂。

蝴蝶是從聖母瑪利亞的眼淚變成。

蝴蝶會讓你看到你的真愛。

隨季節遷移的粉蝶，是前往麥加的朝聖者。

蝴蝶是沒有枝幹的花朵。

蝴蝶是孩童的靈魂。

蝴蝶會偷奶油。

用蝴蝶翅膀染色會使你的恥毛強韌。

蝴蝶靈魂在霍皮卡奇納面具*身上。
黑蝴蝶代表死亡。
大群蝴蝶預告饑荒的到來。
白蝴蝶代表一個多雨的夏天。
蝴蝶帶來春天。
戀愛中的男人肚裡有蝴蝶。
蝴蝶是零星而熟悉的思緒。
蝴蝶是空氣和天使。

蝴蝶卡奇納

* Hopi kachina，霍皮族為美國亞利桑納州印地安人，卡奇納為該族崇拜的雨神，相傳戴上卡奇納神面具能使人暫時變換為神。

關於蝴蝶名稱

大部分人將蝴蝶分為以下幾種：

鳳蝶科（Papilionidae）通常稱作鳳蝶，包括鳥翼蝶和太陽神絹蝶。

粉蝶科（Pieridae）包含我們稱作粉蝶、端紅粉蝶、黃粉蝶的蝴蝶。

灰蝶科（Lycaenidae）包括琉璃小灰蝶、綠小灰蝶和紅小灰蝶。

蜆蝶科（Riodinidae）通稱小灰蛺蝶。有些分類學者將這科列為亞科。

蛺蝶科（Nymphalidae）也稱作四腳蝶，因為牠們的前腳多半蜷縮，化成一個具有嗅覺功能的結構。蛺蝶科有十三種亞科，包含以下這些俗稱的蝶種：貓頭鷹蝶、眼蝶、長翅蝶、魔爾浮蝶、樹蔭蝶、斑蝶、天狗蝶、豹斑蝶、纓蝶、姬紅蛺蝶、星點蛺蝶、孔雀紋蛺蝶、豹紋蝶和三線蝶。

弄蝶總科（Hesperiodea）只有一科，即弄蝶科（Hesperiodae）。這些蝴蝶通稱弄蝶，因為牠們的飛行多半迅捷、古怪，身體短胖。弄蝶會將翅膀展開，並且會造巢作蛹，與蛾相似。

絲角蝶總科（Hedyloidea）也只有一科，絲角蝶科（Hedyloidae）。這種「蝶－蛾」兼具蝶與蛾的特徵。

大部分蝶種我都以俗名稱之。豹斑蝶或粉蝶等通稱我沒有以專名處理；如果指某蝶種的通稱，我就以專名處理，例如豹蛺蝶或是大紋白蝶（Large Whites）。當然俗名會使科學家困擾，並且也荒謬，因為俗名會因地、因習俗而異。因此之故，我將內文使用的每一個俗稱依筆畫順序列出，也列出其學名；非鱗翅類的學名也一併附上。

■後話

「再見」！蝴蝶村

顏新珠

埔里，曾經漫山蝴蝶飛舞。

八十年前，採集標本外銷的行業興起，

戰前銷日本，戰後大銷美國，

台灣，博得了蝴蝶王國之名。

到今天，蝶量大減，

新興的生態農場又投入了養殖保育工作。

從掠奪到復育，

這一頁經濟史，何嘗不是一頁生存之歌……

正午時分，火辣辣的夏日照射在埔里牛相觸台地上。七十五歲滿頭銀絲的木生昆蟲館館長余清金，手提裝有鳳梨皮的塑膠袋，利用遊客參觀的空檔，高瘦微佝的身軀穿梭在七月才新增設的蝴蝶園內餵養蝴蝶，間或一兩隻枯葉蝶停歇在他的肩上；他炯炯有神的雙眼不時盯著每一株的葉片，唯恐那一顆顆的蝶卵遭寄生蜂所吞噬……。

昔日，滿山蝴蝶飛

面積只有日本十分之一大的台灣，以她獨特的地理條件造就了複雜豐富的蝶相；三萬六千平方公里的島上，蝴蝶的種類如果連迷蝶算在內約有四百種，比日本還多了一百七十多種，單單埔里一帶，蝶類就佔有二百多種。最早進行台灣蝶類研究的日本著名昆蟲學家松村松年，有一次來到埔里，面對滿山滿谷飛舞的蝶影，不禁讚嘆這美麗的山城是座「蝴蝶村」。

戰後一九六〇年代，埔里蝴蝶加工業高達四十七家，全台依此維生的從業人口有數萬人，在國際間打造出台灣是「蝴蝶王國」的美名。而今原本蓊鬱的山林，已被大量的開墾。今年林務局又將南山溪一帶的雜木林砍除，蝴蝶數量比去年明顯地又減少。

回想三十五年前，日人濱野榮次來到南山溪採集時，猶可看到溪對岸連沒設陷阱的水窪地，都聚集約一張榻榻米大的蝶群，有升天鳳蝶、斑鳳蝶、青斑鳳蝶等。潺潺流水聲中，只能想像昔日那曼妙的身軀在林間舞動著的蝶影……

早在一八五六年至六六年間，熱愛動物的英國外交官兼駐台領事斯文豪（R. Swinhoe）在台期間就採集蝶類，並將標本送給大英博物館。一八九七年，台灣割讓給日本的第二年，日本一位名叫多田的人，就到台灣來採集各種動物；直到一九〇六年，台灣蝶類才在《動物學雜誌》上連載，台灣的蝶類經由日本人之手，有了新的發展。

台灣蝴蝶加工業家族的始祖

一九一七年，原本在埔里街上擔任按摩師的朝倉喜代松，受喜愛昆蟲的日本友人之託，幫他們在埔里收集蝴蝶。朝倉就找了十五歲的余木生幫他捉蝴蝶，手腳靈活的他，一天下來至少可以賺個一元，好的時候五、六元也有，比起別的工作辛苦了三天，他捉蝴蝶一天就夠了。

隨著日本國內掀起對台灣蝶類的研究熱潮，朝倉成立株式會社，正式做標本的買賣，而埔里相繼有十來人投入「捉蝴蝶」的行列。透過朝倉株式會社埔里輸往日本的蝶隻，一九一八年時為三十萬隻；隔年，增加到六十萬隻；一九二〇年，是三十萬隻，大部份的蝶隻都送到岐阜縣的名和昆蟲研究所。而在埔里街上日人所開設的日月旅社，每年夏季時，就湧進日本來台採集蝴蝶的學生。

余木生婚後，在夏天仍持續捉蝴蝶的工作，沒蝴蝶捉時，他就跑去做換輕便車的枕木工，搬運粗重的枕木一天下來只換來六角的薪資。

愛喝酒的枯葉蝶

患有胃痛毛病的余木生，每次上山捉蝴蝶時隨身都會攜帶裝酒的藥水罐，胃痛發作時好喝點酒來壓痛。一次，顧著捉蝴蝶的余木生一不小心將整個藥水罐掉落地上，他正憂心忡忡等一下胃痛的老毛病又患該如何是好時，只見一隻隻聞到酒香而來的枯葉蝶佇立在地面吸吮著，余木生被眼前的景象嚇了一跳，那時能捉到一隻枯葉蝶，相當做一天工的錢，他恍然大悟枯葉蝶竟然愛喝酒，高興地忘掉了胃痛的煩惱。

「阮爸爸就將一團團的棉花丟入裝酒的罐子內，把棉花塞進樹坳裡，東塞一個西塞一個，一天可以捉到一百多隻；」余木生的二兒子余清金爽快地談到父親昔日捉蝴蝶的往事時指出；埔里其他同行看到余木生每天興高采烈地提著枯葉蝶來交貨而議論紛紛，大家商議等余木生出門就偷偷地跟在後頭，「他們只見到白白的棉花上頭，停留著一隻隻的蝴蝶，靠近一聞味道還臭酸臭酸的！」大夥一時也沒想到是酒，等知道真相後也紛紛跟進。由於酒精揮發快速，余木生後來想到將黑糖、百香果、鳳梨的汁液倒在酒裡攪拌，再用破布沾溼來吸引蝴蝶，一天下來可以捉到上千隻。

捉十隻，相當人家做十天工

由於大夥都在埔里附近一帶捉蝴蝶，賣一陣子同一款式的蝴蝶太多了之後，價格開始滑落，余木生隻身到北山坑想找找看有沒有別的物種。在那兒，他捉到一隻日本人很愛買的白蛺蝶，他喜出望外騎著富士牌鐵馬回家。隔天又去等，又發現一隻白蛺蝶，在一棵被蜂叮的爛心木（黃連木）上吸吮樹汁，才知道牠喜歡吃爛心木的汁液，依據牠的習性一天就捉了十隻，一隻一元，相當人家做十天工；拿到朝倉株式會社交貨的時候，他再三叮嚀朝倉千萬不能對其他同行提起，連續捉了一、二十天，其他同行看到了就追問朝倉：「怎麼會有這種蝴蝶？」又詢問余木生這些蝴蝶到底是在哪裡捉到的？大夥不得其解下，決定悄悄地跟在余木生的後頭，看他到底是在哪裡捉的。

隔天一早，余木生騎著富士牌鐵馬出門時，知道後頭有同業尾隨，就故意往霧社的路上騎，乘機快速往旁邊的小路轉，一路躲躲藏藏擺脫同行的跟蹤後，使勁地回轉北山坑。大夥拿他沒奈何，又聚在一塊商議，等隔日一早，十個人分散在十個可能的出口，守候著；看到余木生經過就尾隨在後，最後才查出是在北山坑捕捉到的，「歸陣人做夥去捉，捉到後來，價錢就敗了了。」余清金說。

朝倉寄去日本的蝴蝶，發表了相當多的新物種，像「朝倉鳳蝶」、「朝倉小紫蛺蝶」等都是從余木生的手裡收購的，「當時我們認為賣給他，權利就是他的；像台灣的蝴蝶有很多都是用平山發表的，也是從我爸爸這裡拿去賣給東京井之頭的標本商平山修次郎；」余清金接著說：「後來我才意識到，這是我捉到的，發表時我也有權利列我的名字。」素有「民間昆蟲博士」之稱的余清金，戰後相繼發表木生鳳蝶、木生綠小灰蝶、木生長尾水青蛾、余清金角金龜。

頭殼莫一日莫在想蝶仔

一九二六年出生的余清金，在六歲那年頭一次跟著父親上山捉蝴蝶。在那困頓的年代，要吃個水果都很難得，經常在山裡走動的余木生，就帶著他的老二出門好摘些山芭樂帶回家。

提著籃子的余清金沒多久就摘了滿滿的一籃山芭樂，閒不住的他就跑去看父親捉蝴蝶。

只見余木生在靠溪邊的平坦地，相隔四、五十米的地方就做一個陷阱，做了三處，並在地上灑上尿液，在上面置放兩三隻死蝴蝶；聞到阿摩尼亞味道而來的蝴蝶，誤以為地上已經有同伴在那，紛紛飛下來吸吮，一下子直徑六十公分寬的陷阱，停滿了好幾百隻的蝴蝶。余木生把捕蝶網往地上一罩，就一直捏，將好的撿起來包好，把破的留下來吸引其他的蝴蝶。余木生要到上頭的陷阱捉時，看到一旁的兒子就吩咐他說：「你在旁邊看吃芭樂就好，千萬勿通把蝶仔打驚，阿爸若捉不到蝶仔，就沒飯通吃。」

余清金看到父親往上頭走去，整個心癢癢的也想動手去捉捉看，他靈機一動索性把頭上戴的斗笠拿下，當做捕蝶網使用，往地下一撲，只聽到斗笠內整群的蝴蝶霹霹啪啪叫，他把手伸入斗笠內，碰到蝴蝶就捏，捏了整整一堆，「我就想這下妥當了，等阮阿爸下來，看我幫伊捉這麼多，包穩真歡喜。沒想到伊下來，開嘴就罵：『叫你勿通捉，你偏偏去捉，莫一隻有粉（鱗粉）的』。」

那天晚上回到家裡，余木生心裡在想：「這個囝仔，敢是也對蝶仔有趣味！」隔天，就用鉛線圍成一個圓形，用布做了一個捕蝶網交給余清金，父子倆騎著腳踏車到石墩坑，余木生在上頭的小溪捉，吩咐兒子在下面的大溪旁捕，「能飛到大溪來的，攏總是體力較好、飛很快的大隻蝶仔，我就拚死捉，捉到流汗散滴，自六歲起，我的頭殼莫一日莫在想蝶仔。」

余清金回憶說。

八歲入公學校的余清金，才唸了幾天書，就不太想去上學；到了二年級時，蝴蝶的身影佔據他整個腦袋，最後忍不住，早上出門後轉往附近的磚廠，冒著四、五十度的高溫衝進剛出磚的磚仔窯內，將裝著書本的包袱巾藏好，一個人偷偷跑到附近的山林捉蝴蝶，等放學時間到再回家，捉到的蝴蝶就偷偷地混合在父親的蝶堆裡。過了一個禮拜，有同學來找他玩，開口問他，怎麼都沒去學校？余木生一聽，竹掃帚拿來就往余清金的腿上打，「打到一凌一凌，伊很愛我去讀冊，我怎麼樣也讀不下去，過沒幾天，又偷偷跑去捉蝶仔。」六年下來，余清金的成績，沒一個甲，全都是乙。

余家家人相繼投入捉蝴蝶的行列，為了工作，先後買了六輛腳踏車。

敢是武界的原住民要造反？

一九三〇年霧社事件後沒多久，余清金的堂伯父余文通到武界一帶去捉蝴蝶，那時生活窮困，人都不夠吃，沒錢買水果當誘餌，余文通就在鉛製的風管內塞滿整團大便，穿山越嶺背到武界，並在那兒挖了一處處凹槽。被武界那邊的隘勇發現，怎麼地上有一個個的凹洞？趕緊跑去向「大人」（警察）報告。

「大人」一聽心想：敢是武界這邊的原住民要造反？都在做掩體，馬上趕了過來。一看，這些掩體裡面怎麼有一團團的大便，深感不解。巡視了好幾天但都沒遇到人，便發動武界一帶的壯丁前往圍堵，才捉到人。不諳日語的余文通被押到派出所後被打得半死，最後，余木生出面說明那只是為了捕捉蝴蝶所設立的陷阱才罷休。

埔里當時四周都是原始林，蝴蝶大發生後就會飛到埔里街上來，台灣地理中心碑附近就有很多的蝴蝶，榮民醫院往乾溪的路上，各地的蝴蝶都會飛到那裡。「當時道路攏是土路，計程車才一部，攏總是用牛車在交通；」余清金回憶說，牛隻行走時，農人又不時舀水往牛背上潑，加上牛隻的尿液沿路放，「蝶仔一飛到，土腳溼溼又有阿摩尼亞味，自然會下來停歇。現此時柏油路是熱滾滾，汽車、機車滿街路，人攏沒法度走，更何況是蝶仔。」

整批的蝶仔倒進大水溝

由於受到第二次世界大戰的影響，進入一九四〇年代不久，在日本有關台灣蝶類的研究便進入衰退期。起先余木生還可透過郵寄將標本寄到日本，隨著戰事愈來愈吃緊，郵寄也告中斷，全家都沒頭路，為了家計余木生一方面回去做輕便車的鐵路工，另外也承包製糖會社的甘蔗來砍。一九四四年，余清金被徵召到台中機場當警備兵。而余木生自開始捉蝶以來，收藏了一些比較好、捨不得賣掉的蝶隻，也因為戰時藥品短缺沒有放置臭丸（樟腦丸），到戰爭結束後全都蛀掉，整批倒進枇杷城的大排水溝，隨流而去。

你一定有用符仔

戰後，蝴蝶出口仍中斷，余清金就跟著人到山上開「木馬路」、伐木，做了二、三年後，也跟人到武界、合歡山一帶淘金，一方面賺錢一方面調查山區的昆蟲種類。為了採集合歡山上面的永澤蛇目蝶，來回走路得六天，背著米糧露宿路旁。

有一次余清金跑到惠蓀林場想捉端紅粉蝶和黃斑粉蝶，熟知蝴蝶習性的他就在鐵線橋下做了一個陷阱——先在地上擺兩三隻已死的端紅粉蝶和黃斑粉蝶，並把翅膀張開。飛行迅速、警覺性高的其他同類一看到白色翅膀上端那兩個斗大的紅點，以為同類在地上就往下栽，啵一下就停下來。

一個過路客從鐵線橋上經過，看到沒有拿捕蝶網的余清金，徒手就把一隻隻的蝶仔捉起來，在橋上目不轉睛地看了一個上午。等余清金吃飯的時候從橋上走下來，對著他說：「先生你到底是用了什麼魔術，不用家俬（工具），單單用手就捉了一大箱。」余清金直說沒有，對方不相信一直跟他纏，「你一定有用符仔或者有什麼功夫，蝶仔才會那麼傻，飛到你面前讓你捉！」

將台灣推向「蝴蝶王國」之路

二十四歲那年，余清金將蝴蝶做成書籤，拿到日月潭批給店家賣。當時嗜好收集蝴蝶的台大工學院教授凌霄來到埔里，因購買蝴蝶而與余清金結識。苦於沒辦法將蝴蝶出口的余清金，後來與凌霄合作，將台灣的蝶類大量輸入日本。

當時一般人民生活拮据，大家都沒有工作做，余清金一隻蝴蝶的收購價是三錢，加上包裝還有損害率，他賣給凌霄是一隻六錢，並告訴凌霄：古早賣給日本人是一元，要賣多少隨便他，余清金並把昔日有往來的主顧和價目表寫給凌霄。

「伊開價賣日本人美金一元，賺十幾倍，做二年就賺了很多錢。我以前連飯都沒得吃，怎麼想也想不到可以存錢？」凌霄並以「Fomosan ButterfliesSupply House」之名，刊登廣告在美國的自然科學家名錄（Naturalist Directory）上，引起很大的迴響。

五年後，凌霄移居加拿大，余清金也開始以自己的名義申報出口。一九四二年，美國的廣告公司找上余清金，想要跟他訂購一千萬隻的蝴蝶，打算在每張廣告信封上用玻璃紙放隻蝴蝶，以便增加民眾的閱讀率。余清金一聽一千萬隻，嚇了一大跳，不敢答應，就允對方先捉五十萬隻試試。那曉得由於夾上蝴蝶的廣告單效果奇佳，民眾反應熱絡，為了應付逐年增加的訂單，余清金也架構起全台的捕蝶網絡，將台灣推向「蝴蝶王國」之路。

一年要用幾千萬隻的蝴蝶

「頭先只有我在做，大家看到目瞷轉大，」那時余清金枇杷城的家中，經常有出口商出入，有的甚至提著大把的鈔票送上門，央請他：「余先生，這些錢先放在你這裡，你要捉來賣我！」余家有七、八位親戚也出來從事蝴蝶的買賣，鼎盛時期，單單埔里做蝴蝶買賣的店家就有四十七家，在五〇年代至七〇年代初期，二十多年的時間，「捉蝴蝶」成為當時廣大的窮困農村，另一個新的財源。

余清金當時的手下分布在全島有一、二千人，請了幾百位女工在做加工。各地捕蝶人將採集後的蝶隻聚集到埔里後，上品的蝶隻和數量稀少的名貴蝶種，均被運往各國當做研究標本，數量多且外形較美的蝴蝶大部份則做加工蝶，並製成裝飾品；有瑕疵的，則多半成為蝶畫的材料。

早在一九七九年，基於對昆蟲的興趣以及想讓更多的人了解，余清金把他的收藏拿出來，在東榮路今東豐旅社二、三樓設立國內首座昆蟲館，免費供民眾參觀。當時何應欽、謝東閔、蔣經國……等，都曾相繼來訪，報載後更吸引一批批慕名前來的民眾。「過去蔣經國他們來看時，大家都說：余先生你真好，幫國家賺那麼多外匯，製造那麼多的就業機會，我被看成像是仙；這陣來，反被指著罵：台灣的蝶仔若不是被你捉了了，按怎會沒蝶仔？」坐在十二年前遷移至現址，擁有約十萬隻標本的木生昆蟲館內，背著昔日商業背景負擔的余清金激動地說，「我一年要用幾千萬隻的蝴蝶，攏是捉交配完飛到溪邊的公蝶，母的留在山上找所在生蛋。」

「半公母」價錢差一百倍

蝴蝶的價錢往往因為蝶隻的珍貴程度而異，如果能捉到雌雄同體的蝴蝶，價錢就多了一百倍左右。在這樣高價的利誘下有的捕蝶人就動手腳，自己製作「半公母」想矇混過去。

一位住在南山坑的捕蝶人，有一天就帶著自製的「半公母」跟其他蝴蝶來交貨，忙著處理外銷事項的余清金，一看是一向交貨給他的熟客，也沒看就直接算錢給他；隔沒幾天對方又帶了一隻「半公母」來，余清金仍然沒看，吩咐裡面的人把它收下。對方心想余清金可能看不出來，下次來時，帶了三隻「半公母」，余清金覺得很納悶，要同時捉到三隻「半公母」的機率微乎其微，就把東西拿過來，仔細一瞧，原來全都是用接的。

價值八百萬的白衽黑鳳蝶

自小就在蝴蝶堆打轉的余清金，每次捉到覺得不一樣的蝴蝶時就直直看，思索有沒有什麼蝴蝶跟牠很相像，是不是異常型？一次，他嫁到國姓水常流的妹妹余玉珍來，特別拿出一隻尾部斷了一邊的蝴蝶對著他說：阿兄，這隻給你做蝶畫。

余清金接過手後，一看明明腹部黃黃的是母的白衽黑鳳蝶，身上怎麼會有公蝶的把握器？覺得奇怪就用放大鏡一照，生殖器也是公蝶，尾巴並不是斷掉，而是一邊是母的有尾型，另一邊是母的無尾型，是世上唯一的三合一白衽鳳蝶。

一九七三年，他帶著這隻罕見的三合一白衽鳳蝶到日本展覽，引起極大的注目，在展覽期間，世界童子軍主席也是有名的雌雄型蝴蝶收藏家奈厚缶（Neidhoefer）告訴余清金，這隻蝴蝶在展覽結束後他要帶回美國，要多少錢隨便他看，「伊出價二十萬美金（約台幣八百萬），就只有這麼一隻，我不甘賣。」隔天一早，余清金就自己一個人悄悄地坐飛機回台，奈厚缶看他回台又追來，「我跟他講，我也要設立博物館，就只有這麼一隻，我要留給我們台灣人看，不能賣！」連續三年，奈厚缶一直來遊說，看余清金那麼堅持才作罷。

追到跌倒還在追

余清金的弟弟余清潭、妻舅李進峰都在余清金那兒幫忙，倆人經常隨著蝶蹤，遊走島上的山間林野中。一次，李進峰在仁愛鄉紅香，看到一隻珍貴的寬尾鳳蝶，他一心盯著蝴蝶只顧著追，捕蝶網往上罩時整個人也掉進北港溪的溪谷裡，人竟然毫髮未傷，而蝴蝶也安然在網子裡。

一次李進峰和余清潭一行人，帶著一包零錢從烏來走到福山去買蝴蝶，行經一座年久失修的鐵線橋時，走在前頭的余清潭聽到ㄅㄧㄤ一聲，心想不妙，回頭一看李進峰人已掉落五層樓高的溪底，摔在一顆比房屋還要大的石頭上；他往下一看，李進峰「憨神憨神」坐著像觀音媽般，喊他也沒回應。余清潭趕緊從旁邊溜下去，「伊已經拼命在撿掉落的錢幣，伊厝的公仔媽是STEEL做的，命真韌，摔不死。」六十四歲的余清潭說。

由於同業間激烈的競爭，埔里五家標本商的人馬去到高雄或巴崚捉蝴蝶，見面時反而互不講話或有一搭沒一搭。補蝶人之間也存在著惡作劇，一次余清金在南山坑捉時，索性拿色料加酒精，在蝴蝶翅膀漆上紅色和青色，再把它放走，「下面的人看到，高聲大叫：『變種仔！變種仔』追到跌倒還在追。」余清金說。

沒捉蝶仔的囝仔，無效

在埔里獅仔頭一帶，就存在著不成文的規矩，元旦那一天，就得為自己新的一年佔據「領地」，凌晨十二點一到，大夥就在本部溪、鳥踏坑、觀音瀑布……，先在地上做個陷阱，在附近的石頭上用油漆寫下某年某月某日某某某在此做的「蝶仔堆」，以確認自己的勢力範圍。有時，還會為跟埔里街上其他捕蝶人為「這是我的位」而大打出手。

在埔里四周，經常可以看到不僅是青壯年，連老幼婦孺都人手一隻捕蝶網。

「那時沒去捉蝶仔的囝仔，會被說是無效、懶惰的人，全庄的囝仔攏嘛去捉蝶仔。」自懂事後也要提著牛奶罐、捕蝶網幫忙捉蝴蝶的羅錦文說。那時，大人一天的工資是二十五元，他們也可幫家裡掙個五、六元，捉一隻蝴蝶有二錢、五錢、一角不等，能賣五角的蝴蝶就很值錢了！

家境窮困的羅家原本住在觀音瀑布附近，房子是用竿榛草搭的，父親羅萬福是個厚實的捕蝶人，自羅錦文張開眼睛認識這個世界開始，他看到母親把他放在乾涸的河床地，拿著捕蝶網追逐著蝶蹤。遇到陰雨天，沒辦法出門捉蝴蝶時，家裡七個小孩沉重的負擔，讓父親的臉佈滿了「憂愁」。

「阮爸爸以前靠掠蝶仔要飼囝仔飼不過，常先去雜貨店賒帳，一年下來捉蝴蝶的收入扣除生活費後，有時總差個幾千元，攏是木生昆蟲館的老先生（余清金）去雜貨店把帳清掉。」一皮膚黝黑、有雙大眼睛的羅錦文感激地說。

在手工業發達的年代，那時翅膀常長達二十五公分左右的蛇頭蛾，它的蛹比牛皮還要強韌不容易破裂，又有防水的功能，而被大量加工做小錢包。羅家的屋內，沒有一盞燈卻掛滿了一排排蛇頭蛾的蛹，每次一養就是好幾千隻。沒有吸食器的蛇頭蛾，在幼蟲期就將營養儲存在體內，一直支撐到公的交配完，母的產完卵，生命就告終結。羅錦文和哥哥羅錦吉擔任起餵養的工作，到山裡摘江某樹來餵。有一次，在家裡養的蛇頭蛾已經養到二、三齡，挑到山上後，碰巧遇到颱風來襲前埔里颳起陣陣的焚風，所有的蛇頭蛾全都死光。

這麼多的生命才成就我一天的薪資

隨著第一次世界石油危機的來臨，以及保育觀念的重視，台灣的蝴蝶產業也走入下坡，市場逐漸被東南亞國家取代。原本大家爭相捉取的蝴蝶，在台灣「最大瓶的牛奶罐捉了滿滿一罐，跟做一天工二百元一樣多；每次去捉蝴蝶我的心肝就很難過，這麼多的生命才成就我一天的薪資，我就想還是去做工好了。」一十七歲國中畢業後，羅錦文就去摩托車店當學徒，從早上七點開店，一直工作到晚上十點關門。在洗車、修車中，想要自己創業的美夢一直在他心中攪動著。十九歲那年，開店當老板的衝動襲擊著他，他三番兩次回家想要尋求金錢上的援助，卻換來兄弟姐妹間諸多的不解：「這個阿文神經病，要當兵了還想自己當老板。」、「阿文無效！沒有想辦法賺錢，只會一直回來要錢。」傷心的他，心想不可能開店，就到豐原去學木工，兩隻手指頭卻被剪斷，心疼的母親，把他叫了回來。

蝴蝶生態農場成為主流

二十七歲的一場因緣際會，促使羅錦文投入蝴蝶生態農場的經營。現今是養蝴蝶高手的他，能夠飼養三十多種蝴蝶，超過五十種的食草，是國內各蝴蝶園極力配合的對象。隨著時代的轉變，蝴蝶生態農場成為主流。

擁有五家人工飼養蝴蝶園、三家昆蟲館、一家蝴蝶生態農場，密度高居全台之冠的南投縣，昔日蝴蝶加工業已消聲匿跡。中華蝴蝶保育學會理事長陳建志指出，棲息環境的喪失，是蝶類減少的主因，其次是商業性的大量採集和外來生物失當的引進。在台灣的昆蟲尚有百分之九十未被命名，採集這東西不能被禁止，但採集者必須受到某些約束和監督。「我們絕對不能對過去的蝴蝶加工業完全以批判的態度來看它，因為蝴蝶加工業反應當時的社會生活形態，也和台灣的經濟生活改善和被稱為蝴蝶王國息息相關。同時蝴蝶加工累積的經驗與資料也可供目前的保育工作參考，我們須以寬大的胸襟，來改變一般人對蝴蝶加工業的印象。」陳建志說。

連原本經營種苗的台一種苗公司，也在今年增設蝴蝶生態園，董事長張國珍指出，南投縣要發展觀光，蝴蝶是很好的資源。他建議從草屯到日月潭和霧社的行道樹，種植蝴蝶愛吃的蜜源植物、寄主植物，從點、線的擴大，一直連接到面。

讓每隻蝴蝶都有牠的中繼站！

在本部溪畔，四十歲的羅錦文向農家租用的八分地，全種滿了蝴蝶的食草。大白斑蝶的幼蟲，在白色的細網內蠕動著，羅錦文細心地解開白網，將一隻隻的幼蟲從吃了大半的爬森藤上移到另一株樹上，現在他租有二甲地，專門種植食草。

十三年來，從開始養蝴蝶以來，羅錦文一直和病毒、天敵奮戰著。他曾經遭遇到即將化蛹的幼蟲，全遭小鳥下肚；一度碰過所有的幼蟲在一個禮拜內遭病毒感染，全遭不測；也遇到過老鼠在夜晚咬破網，進來吃蛹，想到沒辦法只好在園子裡放沒毒的蛇進來吃老鼠……，一般養蝴蝶的人最傷腦筋的蝴蝶天敵——寄生蜂，他已有辦法解決。在埔霧公路上，這座甚至沒有招牌的私人經營的蝴蝶農場，去年售出三、四萬顆的蛹，今年至七月止，已賣出近八萬顆，而在二、三年前因為經濟陷入拮据一度萌生轉業的他，在一群朋友的支援下，撐了過來，為台灣的蝴蝶史，開創另一個春天。

每天羅錦文和妻子忙著讓蝴蝶交配、產卵、收蟲收蛹的工作，還得照顧好園裡的食草。他指著網室內翩然起舞的蝴蝶說：「牠們就像是我的朋友，要想辦法讓牠們吃得飽、長得大，」即使是翅膀不完整或得病毒的蝴蝶，他都為牠弄個活動空間，直到牠過世，他亦如朋友般，將蝴蝶埋葬；「蝴蝶幫助我的家，我也不知道什麼是回饋，只能替牠的下一代做更多的生存空間。」

在一位喜愛蝴蝶的電腦界業主的支助下，他計劃明年在埔霧公路上，成立一座新的蝴蝶生態園，在那裡，照片將取代標本，以賣幼蟲吃的食草為生。「我希望以後家家戶戶的庭院、陽台，都有蝴蝶吃的草和花，讓每隻蝴蝶無論飛到那裡，都有牠的中繼站！」羅錦文希望地說。

而他正一步步朝著他的蝴蝶夢，邁進！

從掠奪到復育，從經濟行為的買賣到文化尊嚴的建構，埔里再見「蝴蝶村」，還有待民眾的認同與參與。如果有一天，人類愛蝴蝶如自己，相信與蝶共舞，絕不只是夢想吧！

——原文引自《新故鄉雜誌》季刊第三期「在地觀察系列」埔里特輯

顏新珠　新故鄉文教基金會執行長

參考資料

第1章　愛上蝴蝶

An important book for any butterfly enthusiast in North America is James A. Scott, *The Butterflies of North America: A Natural History and Field Guide* (Stanford: Stanford University Press, 1986). I also found information on the Western Tiger Swallowtail in the Peterson Field Guide Series: Paul A. Opler, *A Field Guide to Western Butterflies*, illustrated by Amy Bartlett Wright (New York: Houghton Mifflin, 1999), and in J. Mark Scriber, "Tiger Tales: Natural History of Native North American Swallowtails," *American Entomologist* (spring 1996).

Eleanor Glanville's quote on the fritillary's pupa comes from Ronald Sterne Wilkinson, "Elizabeth Glanville: An Early English Entomologist," *Entomologist's Gazette*, vol. 17 (October 1966), as does the quote from the "well-known entomologist."

A wonderful and well-researched book on British collectors is Michael Salmon, *The Aurelian Legacy: British Butterflies and Their Collectors* (Great Horkesley, Essex: Harley Books, 2000). From there I took the quote on the Glanville Fritillary, which was originally written by the Reverend J. F. Dawson in 1846. *The Aurelian Legacy* also tells the story of Eleanor Glanville and her disputed will, as does W. S. Bristowe, "The Life of a Distinguished Woman *Naturalist, Eleanor Glanville (circa 1654" 709),*" *Entomologist's Gazette*, vol. 18 (November 1966). Other sources include C. E. Goodricke, *The History of the Goodricke Family* (London, 1885); and P.B.M. Allan, "Mrs. Glanville and Her Fritillary," *Entomologist's Records Journal*, vol. 63 (1951).

A good book on the associations of religious and mythical figures with butterflies is Maraleen Manos-Jones, *The Spirit of Butterflies: Myth, Magic, and Art* (New York: Harry N. Abrams, 2000). I also used material from Miriam Rothschild, *Butterfly Cooing Like a Dove* (New York: Doubleday, 1991).

The quote on those "deprived of their Senses" is from Moses Harris, *The Aurelian or Natural History of English Insects, Namely Moths and Butterflies* (1766; reprint, Salem House Publishers, 1986).

The quote by David Allan is from his *The Naturalist in Britain: A Social History* (Princeton: Princeton University Press, 1976). Information on the names and history of field clubs comes from Salmon, *The Aurelian Legacy*. Material on

Lord Rothschild comes primarily from Miriam Rothschild, *Dear Lord Rothschild: Birds, Butterflies and History* (Glenside, Pa.: Balaban Publishers, 1983).

Information on and quotes by A. S. Meek come from his *A Naturalist in Cannibal Land* (London: Adelphi Terrace, 1913). The quote by Theodore Mead is from Grace Brown, ed., *Chasing Butterflies in the Colorado Rockies with Theodore Mead in 1871, as Told Through His Letters*, annotated by F. Martin Brown (Colorado Outdoor Education Center, Bulletin Number 3, 1996). The author of the guide on eastern butterflies in 1898 is Samuel Scudder.

The numbers concerning lepidoptera come from Phil Schappert's beautifully illustrated *A World for Butterflies: Their Lives, Behavior, and Future* (Buffalo, N.Y.: Firefly Books, 2000); other sources, such as Rod and Ken Preston-Mafham, *Butterflies of the World* (London: Blandford Books, 1999), have slightly different numbers (160,000 species of lepidoptera with 20,000 being butterflies).

The quote from Chuang Tze is well-known. I took my version from Manos-Jones, *The Spirit of Butterflies*. The modern interpreter of Chuang Tze is Kuang-ming Wu and the quotes come from his *The Butterfly as Companion: Meditations on the First Three Chapters of the Chuang Tze* (New York: State University of New York Press, 1990). The quote from Marcel Roland comes from a translation by Judith Landry of his *Vues sur le monde animal: Amour, harmonie, beauté*, published in 1943.

Material on Miriam Rothschild comes from her *Dear Lord Rothschild*, as well as Salmon, *The Aurelian Legacy*. The brief discussion of her work and her quote come from her essays in *Butterfly Gardening: Creating Summer Magic in Your Garden* (San Francisco: Sierra Club Books, 1998), which is also the source for the last quote in this chapter.

The material and quotes from John Tennent are from personal correspondence.

第11章 溫柔又強悍的毛毛蟲

Bert Orr is the source for some of the images in this chapter, such as the squashed golf ball and the skipper larva rearing up like a cobra.

General information on the biology of larvae can be found in Malcolm Scoble, *The Lepidoptera: Form, Function, and Diversity* (New York: Oxford University Press, 1992); Amy Bartlett Wright, *Peterson's First Guide to Caterpillars* (Boston: Houghton Mifflin, 1993); James Scott, *The Butterflies of North America: A Natural History and Field Guide* (Stanford: Stanford University Press, 1986); and Philip DeVries, *The Butterflies of Costa Rica and Their Natural*

History, vol. 2, *Riodinidae* (Princeton: Princeton University Press, 1997). The estimate that some caterpillars gain 3,000 times their hatching weight comes from Phil Schappert, *A World for Butterflies: Their Lives, Behavior, and Future* (Buffalo, N.Y.: Firefly Books, 2000).

More information about swallowtails can be found in J. Mark Scriber, Yoshitaka Tsubaki, and Robert Lederhouse, eds., *Swallowtail Butterflies: Their Ecology and Evolutionary Biology* (Gainesville, Fla.: Scientific Publishers, 1995).

More information about the defenses of caterpillars and of plants can be found in Nancy Stamp and Timothy Casey, eds., *Caterpillars: Ecological and Evolutionary Constraints on Foraging* (London: Chapman and Hall, 1993). Particularly useful essays in this book are David Dussord, "Foraging with Finesse: Caterpillar Adaptations for Circumventing Plant Defenses"; Bernd Heinrich, "How Avian Predators Constrain Caterpillar Foraging"; M. Deane Bowers, "Aposematic Caterpillars: Life-Styles of the Warningly Colored and Unpalatable" ;and Nancy Stamp and Richard Wilkens, "On the Cryptic Side of Life: Being Unapparent to Enemies and the Consequences for Foraging and Growth of Caterpillars."

The material on caterpillar locomotion comes primarily from John Brackenbury, "Fast Locomotion in Caterpillars," *Journal of Insect Physiology,* vol. 45 (1999).

The experiment with wasps and Asian swallowtails is described by Masami Takagi et al., "Antipredator Defense in *Papilio* Larvae: Effective or Not?" in Scriber, Tsubaki, and Lederhouse, *Swallowtail Butterflies*.

The architecture of skipper larvae is discussed in Martha Weiss et al., "Ontogenetic Changes in Leaf Shelter Construction by Larvae of *Epargyreus Clarus* (Hesperidae), the Silver-spotted Skipper," *Journal of the Lepidoptera Society*, vol. 54, no. 3 (2001). Information about the ejection of frass also came from personal correspondence with Martha as well as from May Berenbaum, "Shelter-Building Caterpillars: Rolling Their Own," *Wings: Essays on Invertebrate Conservation* (Portland, Ore.: The Xerces Society, fall 1999).

The quote from Miriam Rothschild comes from the essay by David Dussord in Stamp and Casey, *Caterpillars*.

More information on chemical defenses in plants and signaling among plants and insects can be found in my *Anatomy of a Rose* (Cambridge, Mass.: Perseus, 2001), and in my discussion of Ian Baldwin's work in "Talking Plants," *Discover Magazine*, vol. 23, no. 4 (April 2002); this article includes work by Consuelo DeMoraes et al., described in the article "Caterpillar-Induced Nocturnal Plant Volatiles Repel Conspecific Females," *Nature*, vol. 410 (March 2001).

The main source for the theory concerning bacteria in a caterpillar's gut is the article by Wilhelm Bolland et al., "Gut Bacteria May Be Involved in Interactions Between Plants, Herbivores, and Their Predators," *Biological Chemistry*, vol. 381 (August 2000).

第三章 在外靠朋友

The material on Philip DeVries, ants, and butterflies is from personal correspondence, as well as the following works by Phillip DeVries: *The Butterflies of Costa Rica and Their Natural History*, vols. 1 and 2 (Princeton: Princeton University Press, 1997), and "Singing Caterpillars, Ants and Symbiosis," *Scientific American* (October 1992). The species name of the metalmark described is *Thisbe irenea*.

Material on the Australian Bright Copper comes from J. Hall Cushman et al., "Assessing Benefits to Both Participants in a Lycaenid-Ant Association," *Ecology*, vol. 75, no. 4 (1994). Material on the Common Imperial Blue is from Mark Travassos and Naomi Pierce, "Acoustics, Context, and Function of Vibrational Signaling in a Lycaenid Butterfly Ant Mutualism," *Animal Behavior*, vol. 60 (2000). Information on the carnivorous blue larva that eats aphids is from personal correspondence with Bert Orr. Material on the European blue, which resembles a monstrous ant grub, is from J. C. Wardlaw et al., "Do *Maculinea rebeli* Caterpillars Provide Vestigial Mutualistic Benefits to Ants When Living as Social Parasites Inside *Myrmica* Ant Nests" " *Entomologia Experimentalis et Applicata*, vol. 95 (2000). I referred to other articles as well, including Thomas Damm et al., "Adoption of Parasitic *Maculinea Alcon* Caterpillars by Three *Myrmica* Ant Species," *Animal Behavior*, vol. 62 (2001).

The problems and natural history of the English Large Blue are discussed in Phil Schappert, *A World for Butterflies: Their Lives, Behavior, and Future* (Buffalo, N.Y.: Firefly Books, 2000), and John Feltwell, *The Natural History of Butterflies* (London: Facts on File Publications, 1986). The quote from Vladimir Nabokov comes from *The Gift*, translated by Michael Scammel in 1952, quoted in Robert Michael Pyle, *Nabokov's Butterflies: Unpublished and Uncollected Writings* (Boston: Beacon Press, 2000). The quotes from Sir Compton McKenzie are in Patrick Matthews, *The Pursuit of Moths and Butterflies: An Anthology* (London: Chatto and Windus, 1957).

Information on the Madrone caterpillar comes primarily from Terrence D. Fitzgerald, "Nightlife of Social Caterpillars," *Natural History* (February 2001). General information on the longevity of caterpillars, social caterpillars, and signals for molting can be found in James

Scott, *The Butterflies of North America: A Natural History and Field Guide* (Stanford: Stanford University Press, 1986), and Malcolm Scoble, *The Lepidoptera: Form, Function, and Diversity* (New York: Oxford University Press, 1992).

In *The Natural History of Butterflies*, John Feltwell mentions the role of carotenoid pigments in the yellow blood of caterpillars and the ability of the Large White to count hours of light.

第四章　「變態」

An excellent book on Vladimir Nabokov is Robert Michael Pyle, *Nabokov's Butterflies: Unpublished and Uncollected Writings* (Boston: Beacon Press, 2000). The lecture quoted can be found in this book and was originally given in March 1951 at Cornell University in a Masterpieces of European Fiction class. Other sources for Nabokov's work and life are Vladimir Nabokov, *Speak, Memory: An Autobiography Revisited* (New York: Putnam, 1966), and Kurt Johnson and Steven Coates, *Nabokov's Blues: The Scientific Odyssey of a Literary Genius* (Cambridge, Mass.: Zoland Books, 1999).

More information on metamorphosis can be found in general books by James Scott and Malcolm Scoble, and in H. Frederik Nijhout, *The Development and Evolution of Butterfly Wing Patterns* (Washington, D.C.: Smithsonian Institution Press, 1991).

The folktale concerning the Hindu god Brahma is a common one. The story of Pope Gelasius I, as well as other mythic facts and tidbits, are collected in Maraleen Manos-Jones, *The Spirit of Butterflies: Myth, Magic, and Art* (New York: Harry N. Abrams, 2000), and in Miriam Rothschild, *Butterfly Cooing Like a Dove* (New York: Doubleday, 1991). The material on convicts in China is from the Web site True Buddha School Net at www.tbsn.org/ebooks/satira/convicts.htm.

The quote from Elizabeth Kubler-Ross is from her memoir *The Wheel of Life: A Memoir of Living and Dying* (New York: Touchstone Books, 1997). The quote from Miriam Rothschild is from her *Butterfly Cooing Like a Dove*. Material on the Aztec relationship with butterflies can be found in many sources, including Laurette Sejourne, *Burning Water: Thought and Religion in Ancient Mexico* (Berkeley: Shambhala Books, 1976). Philip DeVries's quote comes from his *The Butterflies of Costa Rica*, vol. 1 (Princeton: Princeton University Press, 1997). Information on the emergence of the adult butterfly can be found in the general books already listed.

第五章　蝴蝶的智慧

Material on Martha Weiss and her work comes from personal correspondence, as well as the following articles by Martha Weiss: "Innate Colour Preference and Flexible Colour Learning in the Pipevine Swallowtail," *Animal Behavior*, vol. 53 (1997); "Brainy Butterflies," *Natural History*, vol. 109, no. 6 (July/August 2000); "Ontogenetic Changes in Leaf Shelter Construction by Larvae of *Epargyreus Clarus* (Hesperidae), the Silver-spotted Skipper," *Journal of the Lepidoptera Society*, vol. 54, no. 3 (2001); and Martha Weiss and Dan Papaj, "Colour Learning in Two Behavioral Contexts: How Much Can a Butterfly Keep in Mind" (manuscript in preparation). Other sources include Susan Milius, "How Bright Is a Butterfly" *Science News*, vol. 153 (11 April 1998); Dave Goulson et al., "Foraging Strategies in the Small Skipper Butterfly, *Thymelicus favus*: When to Switch" *Animal Behavior*, vol. 53 (1997); C. M. Penz and H. W. Krenn, "Behavioral Adaptations to Pollen-Feeding in Heliconius Butterflies," *Journal of Insect Behavior*, vol. 13, no. 6 (2000); and Camille McNeely and Michael Singer, "Contrasting the Roles of Learning in Butterflies Foraging for Nectar and Oviposition Sites," *Animal Behavior*, vol. 61 (2002).

Quotes and information from Dan Papaj come from personal correspondence, as well as some of the articles already noted.

Information on bees comes from various sources, including Frederich Barth's *Insects and Flowers* (Princeton: Princeton University Press, 1991).

第六章　蝴蝶的藝術細胞

More information on the design and colors of butterfly wings can be found in the general books already noted, as well as Rod and Ken Preston-Mafham, *Butterflies of the World* (London: Blandford Books, 1999), and H. Frederik Nijhout, *The Development and Evolution of Butterfly Wing Patterns* (Washington, D.C.: Smithsonian Institution Press, 1991). That book is the source of the quote by Nijhout.

The experiment with sulphurs is described in Richard Vane-Wright and Michael Boppre, "Visual and Chemical Signaling in Butterflies: Function and Phylogenetic Perspectives," *Phil. Trans. Royal Society of London*, vol. 340 (1993).

Information on the African butterfly, whose species name is *Bicyclus anynana*, comes from Sean Carroll, "Genetics on the Wing: Or How the Butterfly Got Its Spots," *Natural History*, vol. 2 (1997), and Paul Brakefield et al., "The Genetics and Development of an Eyespot Pattern in the

Butterfly *Bicyclus anynana*: Response to Selection for Eyespot Shape," *Genetics*, vol. 46 (May 1997), as well as other articles on *Bicyclus* butterflies by Paul Brakefield. This African species is not to be confused with the African species *Precis octavia*, whose wet-season form is blue and dry-season form orange-red.

第七章　愛情故事

Love stories among butterflies can be found in the general books already noted. N. Tinbergen first described the Grayling's courtly bow in *The Study of Instinct* (Folcroft, Pa.: Folcroft Press, 1951). I also read Robert Lederhouse, "Comparative Mating Behavior and Sexual Selection in North American Swallowtail Butterflies" and Kazuma Matsumoto and Nobuhiko Suzuki, "The Nature of Mating Plugs and the Probability of Reinsemination in Japanese Papilionidae," both in J. Mark Scriber, Yoshitaka Tsubaki, and Robert Lederhouse, eds., *Swallowtail Butterflies: Their Ecology and Evolutionary Behavior* (Gainesville, Fla.: Scientific Publishers, 1995), as well as Darrell J. Kemp and Christer Wiklund, "Fighting Without Weaponry: A Review of Male-Male Contest Competition in Butterflies," *Behavorial Ecology Sociobiology*, vol. 49 (2001).

Material on the eyes in a swallowtail's genitalia can be found in the following articles by Kentaro Arikawa: "Hindsight of Butterflies," *Bioscience*, vol. 51, no. 3 (March 2001), and "The Eyes Have It," *Discover Magazine*, vol. 17 (November 1996).

More information on chemical signaling in milkweed butterflies and their use of alkaloids can be found in Richard Vane-Wright and Michael Boppre, "Visual and Chemical Signaling in Butterflies: Function and Phylogenetic Perspectives," *Phil. Trans. Royal Society of London*, vol. 340 (1993), and in Michael Boppre, "Sex, Drugs, and Butterflies," *Natural History*, vol. 103 (January 1994). An important book on these butterflies is P. R. Ackery and R. I Vane-Wright, *Milkweed Butterflies: Their Cladistics and Biology* (Ithaca: Cornell University Press, 1984). The observation of monarchs drinking dew is from Susan Milius, "Male Butterflies Are Driven to Drink," *Science News* (24 August 2002).

Mud-puddling is discussed in many sources, including Carol Boggs and Lee Ann Jackson, "Mud-Puddling by Butterflies Is Not a Simple Matter," *Ecological Entomology*, vol. 16 (1991).

Pupal mating is also mentioned in many books and articles, including Larry Gilbert, "Biodiversity of a Central American *Heliconius* Community: Pattern, Process, and Problems," in *Plant-Animal Interactions: Evolutionary Ecology in Tropical and Temperate Regions* (New York: Wiley and Sons, 1991).

Material on the sphragis comes from personal correspondence with Bert Orr, as well as his chapter "The Evolution of the Sphragis in the Papilionidae and Other Butterflies," in Scriber, Tsubaki, and Lederhouse, Swallowtail Butterflies. I also used A. G. Orr and Ronald Rutowski, "The Function of the Sphragis in *Cressida Cressida*," *Journal of Natural History*, vol. 25 (1991), and A. G. Orr, "The Sphragis of *Heteronympha penelope* Waterhouse: Its Structure, Formation and Role in Sperm Guarding," *Journal of Natural History*, vol. 36 (2002). The butterfly that produces an internal stalk is *Acraea natalica*.

More information on the Cabbage White can be found in Johan Anderson et al., "Sexual Cooperation and Conflict in Butterflies: A Male-Transferred Anti-Aphrodisiac Reduces Harassment of Recently Mated Females," *Proceedings of the Royal Society of London*, vol. 267 (2001).

第八章　單親媽媽

More material on oviposition can be found in J. Mark Scriber, Yoshitaka Tsubaki, and Robert C. Lederhouse, eds., *Swallowtail Butterflies: Their Ecology and Evolutionary Behavior* (Gainesville, Fla.: Scientific Publishers, 1995), particularly in the following chapters: Mark Rausher, "Behavorial Ecology of Oviposition in the Pipevine Swallowtail, *Battus Philenor*"; Yoshitaka Tsubaki, "Clutch Size Adjustment by *Luehdorfia Japonica*"; and Ritsuo Nishida, "Oviposition Stimulants of Swallowtail Butterflies." Dan Papaj also provided information through personal correspondence. In addition, I used a variety of articles, including Camille McNeeley and Michael Singer, "Contrasting the Roles of Learning in Butterflies Foraging for Nectar and Oviposition Sites," *Animal Behavior*, vol. 61 (2001). The species name for Texas Dutchman's pipe is *Aristolochia reticulata*; the species name for Virginia snakeroot is *Aristolochia serpentaria*.

第九章　大遷移

Material on the migration of Snouts is taken from personal correspondence with Larry Gilbert, as well as his "Ecological Factors Which Influence Migratory Behavior in Two Butterflies of the Semi-Arid Shrublands of South Texas," *Contributions in Marine Science*, vol. 27 (Austin, Tex.: Marine Science Institute, University of Texas at Austin, September 1985). I also consulted Charles Gable and W. A. Baker, "Notes on a Migration of *Libythea bachmanni*," *The Canadian Entomologist*, vol. 12 (December 1922).

The quote from Vladimir Nabokov is from his memoir

Speak, Memory: An Autobiography Revisited (New York: Putnam, 1966).

Material on the Painted Lady can be found in general sources, as well as Derham Giuliani and Oakley Shields, "Large-scale Migrations of the Painted Lady Butterfly, *Vanessa cardui*, in Inyo County, California, During 1991," *Bulletin of Southern California Academic Sciences*, vol. 94, no. 2 (1995). The quote on the migration of Painted Ladies on the Sudanese Red Coast was taken from Torben Larsen, "Butterfly Mass Transit," *Natural History*, vol. 102 (June 1993). In this article, Larsen also wrote about migrating butterflies willing to "Batter down the house" as they flew straight to their goal.

Material on Monarchs comes from many general sources. I recommend Sue Halpern, *Four Wings and a Prayer* (New York: Pantheon Books, 2001), and Lincoln Brower, "New Perspectives on the Migration Ecology of the Monarch Butterfly," *Contributions in Marine Science*, vol. 27 (Austin, Tex.: Marine Science Institute, University of Texas at Austin, September 1985). Material on navigation in Monarchs comes from the following articles by Sandra Perez et al.: "A Sun Compass in Monarch Butterflies," *Nature*, vol. 387 (May 1997), and "Monarch Butterflies Use a Magnetic Compass for Navigation," *Proceedings of the National Academy of Sciences at the United States of America*, vol. 96, no. 24 (23 November 1999); and from Laura Tangley, "Butterfly Compasses," *US News and World Report*, vol. 127, no. 22 (6 December 1999), as well as from other articles.

For more information on migration, I also read Robert Srygley, "Compensation for Fluctuations in Crosswind Drift Without Stationary Landmarks in Butterflies Migrating Over Seas," *Animal Behavior*, vol. 61 (2001); Ilkka Hanski et al., "Metapopulation Structure and Migration in the Butterfly *Melitaea cinxia*," *Ecology*, vol. 75, no. 3 (1994); Constanti Stefanescu, "The Nature of Migration in the Red Admiral Butterfly, *Vanessa atalanta*: Evidence from the Population Ecology in Its Southern Range," *Ecological Entomology*, vol. 26 (2001); and the following articles by Thomas Walker: "Butterfly Migrations in Florida: Seasonal Patterns and Long-Term Change," *Environmental Entomology*, vol. 30, no. 6 (December 2001), and "Butterfly Migration from and to Peninsular Florida," *Ecological Entomology*, vol. 16 (1991).

第十章　蝴蝶新大陸

More on the life of Henry Walter Bates can be found in George Woodcock, *Henry Walter Bates: Naturalist of the Amazons* (London: Faber and Faber, 1969). Most of the quotes by Bates are from his *The Naturalist on the River*

Amazon (London: John Murray, 1876). The description of his attire, however, is from his "Proceedings of Natural History Collectors in Foreign Countries," *The Zoologist*, vol. 15 (1857). A good article on his collecting adventures and techniques in the field is Kim Goodyear and Philip Ackery, "Bates, and the Beauty of Butterflies," *The Linnean*, vol. 18 (2002). The quote concerning entomologists being "a poor set" comes from that article. I also quote from Bates's lecture "Contributions to an Insect Fauna of the Amazon Valley," read before the Linnean Society on 21 November 1861.

Information on mimicry can be found in many general sources. Phil Schappert, *A World for Butterflies: Their Lives, Behavior, and Future* (Buffalo, N.Y.: Firefly Books, 2000), has a good description and illustration of mimicry rings. I also consulted James Marden, "Newton's Second Law of Butterflies," *Natural History*, vol. 1 (1992); H. Frederick Nijhout, "Developmental Perspectives in Evolution of Butterfly Mimicry," *Bioscience*, vol. 44, no. 3 (March 1994); Peng Chai and Robert Srygley, "Predation and the Flight, Morphology, and Temperature of Neotropical Rainforest Butterflies," *The American Naturalist*, vol. 135, no. 6 (June 1990); Larry Gilbert and James Mallet, "Why Are There So Many Mimicry Rings? Correlations Between Habitat, Behavior, and Mimicry in *Heliconius Butterflies*," *Biological Journal of the Linnean Society*, vol. 55 (1995); Peng Chai and James Marden, "Aerial Predation and Butterfly Design: How Palatability, Mimicry, and the Need for Evasive Flight Constrain Mass Allocation," *The American Naturalist*, vol. 158, no. 1 (July 1991); David Ritland, "Variation in Palatability of Queen Butterflies and Implications Regarding Mimicry," *Ecology*, vol. 75, no. 3 (1994); Angus MacDougall and Marian Stamp Sawkins, "Predator Discrimination Error and the Benefits of Mullerian Mimicry," *Animal Behavior*, vol. 55 (1998); Robert Srygley and C. P. Ellington, "Discrimination of Flying Mimetic, Passion-Vine Butterflies *Heliconius*," *Proceedings of the Royal Society of London*, vol. 266 (1999); David Ritland and Lincoln Brower, "The Viceroy Butterfly Is Not a Batesian Mimic," *Nature*, vol. 350 (11 April 1991); Richard Vane-Wright, "A Case of Self-Deception," *Nature*, vol. 350 (11 April 1991); and David Kapan, "Three-Butterfly System Provides a Field Test of Mullerian Mimicry," *Nature*, vol. 409 (18 January 2001).

Larry Gilbert's theory comes from his "Biodiversity of a Central American *Heliconius* Community: Pattern, Process, and Problems," *Plant-Animal Interactions: Evolutionary Ecology in Tropical and Temperate Regions* (New York: Wiley and Sons, 1991).

Bert Orr provided me with information in personal

correspondence.

The final quote from Alfred Russel Wallace is from his *My Life: A Record of Events and Opinions* (New York: Dodd, Mead, and Company, 1906).

第十一章　自然史博物館

Most of the material in this chapter comes from personal interviews with Jeremy Holloway, Richard Vane-Wright, Phil Ackery, and David Carter.

I also read J. D. Holloway and N. E. Stork, "The Dimensions of Biodiversity: The Use of Invertebrates as Indicators of Human Impact," *The Biodiversity of Microorganisms and Invertebrates: Its Role in Sustainable Agriculture*, ed. D. L. Hawksworth (CAB International, 1991); Richard Vane-Wright, "Taxonomy, Methods Of," in *Encyclopedia of Biodiversity*, vol. 3 (San Diego, Calif.: Academic Press, 2001); David Carter and Annette Walker, *Care and Conservation of Natural History Collections* (Newton, Mass.: Butterworth-Heinemann, 1997); "The Diversity of Moths: An Interview with J. D. Holloway," *Malayan Naturalist*, vol. 51, no. 1 (August 1997); Kim Goodyear and Philip Ackery, "Bates, and the Beauty of Butterflies," *The Linnean*, vol. 18 (2002); and Phil Ackery, "The Lepidoptera Collections at the Natural History Museum (BMNH) in South Kensington, London," *Holarctic Lepidoptera*, vol. 6, no. 1 (1999).

More material on the history of the museum can be found at the Web site of the Natural History Museum, as well as in John Thackery and Bob Press, *The Natural History Museum: Nature's Treasurehouse* (London: Natural History Museum, 2001); and Mark Girouard, *Alfred Waterhouse and the Natural History Museum* (London: Natural History Museum, 1981).

The quotes about eating insects come from Vincent M. Holt, *Why Not Eat Insects*" (1885; reprint, London: Natural History Museum, 1967).

The brief quotes on age come from Edward O. Wilson, "A Grassroots Jungle in a Vacant Lot," *Wings: Essays on Invertebrate Conservation* (Portland, Ore.: The Xerces Society, fall 1995); Miriam Rothschild, "Ages Five to Fifteen: Wildflowers, Butterflies, and Frogs," by Miriam Rothschild in *Wings: Essays on Invertebrate Conservation* (Portland, Ore.: The Xerces Society, fall 1995); and Robert Michael Pyle, *The Thunder Tree: Lessons from an Urban Wildland* (Boston: Houghton Mifflin, 1993).

The quote from the naked collector is by Charles Morris Woodford and can be found in his *A Naturalist Among the Headhunters* (London: George Philip and Son, 1890).

The quote by Eleanor Glanville is from Ronald Sterne Wilkinson, "Elizabeth Glanville, an Early English Entomologist," *Entomologist's Gazette*, vol. 17 (October 1966).

第十二章　是蛾，不是蝴蝶

A good source of information about moths is Mark Young, *The Natural History of Moths* (London: T&AD Poyser Natural History, 1997), and Charles Covell, *A Field Guide to the Moths of Eastern North America* (Boston: Houghton Mifflin, 1984).

I also read Frederich G. Barth, *Insects and Flowers: The Biology of a Partnership* (Princeton: Princeton University Press, 1991); Michael Robinson, "An Ancient Arms Race Shows No Sign of Letting Up," *Smithsonian*, vol. 23, no. 1 (April 1992); Richard Connif, "Purple, Orange, Oooh, He's Oozing Poison at Me," *Smithsonian*, vol. 26, no. 11 (February 1966); Darlyne Murawski, "Moths Come to Light," *National Geographic*, vol. 191, no. 3 (1997); Susan Milius, "Butterfly Ears Suggest a Bat Influence," *Science News*, vol. 157, no. 4 (22 January 2000); and Jens Rydell, "Echolocating Bats and Hearing Moths: Who Are the Winners?" *Oikos*, vol. 73, no. 3 (1995).

第十三章　蝴蝶記事

Much of the material in this chapter comes from personal interviews and correspondence with Rudi Mattoni. More information can also be found in Rudi Mattoni, "The Endangered El Segundo Blue Butterfly," *Journal of Research on the Lepidoptera*, vol. 29, no. 4 (1990); Rudi Mattoni et al., "Analysis of Transect Counts to Monitor Population Size in Endangered Insects," *Journal of Insect Conservation*, vol. 5 (2002); Leslie Mieko Yap, "Brightening a Butterfly's Future," *National Wildlife* (October/November 1993); Rudi Mattoni and Travis Longcore, "Arthropod Monitoring for Fine-scale Habitat Analysis: A Case Study of the El Segundo Sand Dunes," *Environmental Management*, vol. 25, no. 4 (2000); Rudi Mattoni, "Rediscovery of the Endangered Palos Verdes Blue Butterfly, *Glaucopsyche lygdamus palosverdesensis*," *Journal of Research on the Lepidoptera*, vol. 31, nos. 3-4 (1992); Connie Isball, "Green Teens Save the Blues," *Audubon* (September/October 1996); and Rudi Mattoni and Nelson Powers, "The Palos Verdes Blue: An Update," *Endangered Species Bulletin* (November/December 2000).

Information on Arthur Bonner comes from personal communications, as well as Michael Lipton, "Butterfly Man," *People Weekly*, vol. 49 (26 January 1998); *America's Endangered Species*, a National Geographic Special originally aired 24 January 1996 on NBC; and Tom Dworetzky, "In Helping Save Endangered Species, He Also Saved Himself," National Wildlife, vol. 35 (October/November 1997).

第十四章　蝴蝶帶來的商機

Bill Toone of the San Diego Museum gave me good background information, as did Daryl Loth of Tortuguero, Costa Rica. I also read Brent Davies, "Field Notes from a Costa Rican Butterfly Farm" and Bill Toone, "How a Bird Man Became a Butterfly Farmer in Costa Rica," both articles in *Wings: Essays on Invertebrate Conservation* (Portland, Ore.: The Xerces Society, spring 1995).

The quote from Miram Rothschild comes from her *Butterfly Cooing Like a Dove* (New York: Doubleday, 1991). The material from Philip DeVries comes from his *The Butterflies of Costa Rica and Their Natural History*, vol. 1 (Princeton: Princeton University Press, 1997).

More information on butterfly houses can be found in Robert Lederhouse et al., "Butterfly Gardening and Butterfly Houses and Their Influence on Conservation in North America," in J. Mark Scriber, Yoshitaka Tsubaki, and Robert C. Lederhouse, eds., *Swallowtail Butterflies: Their Ecology and Evolutionary Biology* (Gainesville, Fla.: Scientific Publishers, 1995).

More material on butterfly conservation in Papua New Guinea is in Larry Orsak, "Killing Butterflies . . . to Save Butterflies," on the Web site www.aa6g.org/Butterflies/pngletter.html; Michael Parsons, "Butterfly Farming and Trading in the Indo-Australian Region and Its Benefits in the Conservation of Swallowtails and Their Tropical Forest Habitats," in Scriber, Tsubaki, and Lederhouse, *Swallowtail Butterflies*; Thomas Hanscom, "Papua New Guinea: A Butterfly Farming Success Story," *Wings: Essays on Invertebrate Conservation* (Portland, Ore.: The Xerces Society, spring 1995); and Michael Parsons, "Butterfly Conservation and Commerce in Papua New Guinea," in *The Butterflies of Papua New Guinea: Their Systematics and Biology* (San Diego, Calif.: Academic Press, 1999). Butterfly ranching in Kenya is discussed in Don Borough, "On the Wings of Hope," *International Wildlife*, vol. 30, no. 4 (July/August 2000), as well as in other articles.

Information on CRES is from personal correspondence with Joris Brinckerhoff and from his Web site, www.butterflyfarm.co.cr.

More material on the Barra del Colorado biology field station can be found at the COTREC Web site.

The quote by Evelyn Cheeseman is from her *Hunting*

Insects in the South Seas (London: Philip Allan and Company, 1948).

A discussion on the commercial release of butterflies is in Judith Kirkwood, "Do Commercial Butterfly Releases Pose a Threat to Wild Populations?" *National Wildlife*, vol. 37, no. 1 (December 1998/January 1999), and June Kronholz, "Butterflies Are Free? Well, Not Under Rules Lepidopterists Debate," *Wall Street Journal*, 14 January 2002.

第十五章　我們為什麼愛上蝴蝶？

The association of cultural and religious ideas with butterflies comes from many different sources, including Maraleen Manos-Jones, *The Spirit of Butterflies: Myth, Magic, and Art* (New York: Harry N. Abrams, 2000); Miriam Rothschild, *Butterfly Cooing Like a Dove* (New York: Doubleday, 1991); and numerous articles and Web sites. The idea of butterflies as "air and angels" and "stray, familiar thoughts" is repeated from quotes mentioned earlier in Chapter 1.

關於蝴蝶名稱

The classification system is one described in a number of books, including Phil Schappert, *A World for Butterflies: Their Lives, Behavior, and Future* (Buffalo, N.Y.: Firefly Books, 2000); and in Rod and Ken Preston-Mafham, *Butterflies of the World* (London: Blandford Books, 1999), with the exception of the Riodinidae, which is listed as a family rather than a subfamily. A good case for that listing can be found in Philip DeVries, *The Butterflies of Costa Rica and Their Natural History,* vol. 2, *Riodinidae* (Princeton: Princeton University Press, 1997). The epigraph is from Alfred Russel Wallace, *The Malay Archipelago* (London: Macmillan and Company, 1869).

索引

文獻

一至三畫

四至六畫

七至九畫

十至十二畫

十三畫以上

貓頭鷹書房 217

蝴蝶熱：一段追尋美與蛻變的科學自然史
（初版書名：蝴蝶法則：柔弱物種在演化競賽中的生存智慧）
（二版書名：蝴蝶的祕密生命）

作　　者　蘿賽（Sharman Apt Russell）
譯　　者　張琰
責任編輯　劉偉嘉（一版）、周宏瑋（二版）、李季鴻（三版）
特約編輯　林婉華、林俞君
版面構成　張靜怡
封面設計　廖韡
封面插圖　林哲緯
校　　對　林欣瑋
行銷統籌　張瑞芳
總 編 輯　謝宜英
出 版 者　貓頭鷹出版

發 行 人　凃玉雲
發　　行　英屬蓋曼群島商家庭傳媒股份有限公司城邦分公司
104 台北市中山區民生東路二段 141 號 11 樓
劃撥帳號：19863813；戶名：書虫股份有限公司
城邦讀書花園：www.cite.com.tw　購書服務信箱：service@readingclub.com.tw
購書服務專線：02-2500-7718~9（周一至周五上午 09:30-12:00；下午 13:30-17:00）
24 小時傳真專線：02-2500-1990；25001991
香港發行所　城邦（香港）出版集團／電話：852-2508-6231 ／傳真：852-2578-9337
馬新發行所　城邦（馬新）出版集團／電話：603-9056-3833 ／傳真：603-9057-6622
印 製 廠　成陽印刷股份有限公司
初　　版　2007 年 3 月
二　　版　2016 年 11 月
三　　版　2021 年 5 月
定　　價　新台幣 360 元／港幣 120 元（紙本平裝）
新台幣 252 元（電子書）
I S B N　978-986-262-470-8（紙本平裝）
978-986-262-472-2（電子書 EPUB）

讀者意見信箱　owl@cph.com.tw
投稿信箱　owl.book@gmail.com
貓頭鷹臉書　facebook.com/owlpublishing

【大量採購，請洽專線】(02) 2500-1919

城邦讀書花園
www.cite.com.tw

國家圖書館出版品預行編目資料

蝴蝶熱：一段追尋美與蛻變的科學自然史／蘿賽（Sharman Apt Russell）著；張琰譯 . -- 三版 . -- 臺北市：貓頭鷹出版：英屬蓋曼群島商家庭傳媒股份有限公司城邦分公司發行 , 2021.05
面；　公分 . --（貓頭鷹書房；217）
譯自：An obsession with butterflies: our long love affair with a singular insect.
ISBN 978-986-262-470-8（平裝）

1. 蝴蝶

387.793　　110006130